汶川地震重灾区生态破坏及灾后生态恢复建设对策

WENCHUAN DIZHEN ZHONGZAIQU
SHENGTAI POHUAI JI ZAIHOU
SHENGTAI HUIFU JIANSHE DUICE

陈旭 等 著

西南财经大学出版社
Southwestern University of Finance & Economics Press

图书在版编目(CIP)数据

汶川地震重灾区生态破坏及灾后生态恢复建设对策/陈旭等
著.—成都:西南财经大学出版社,2014.10
ISBN 978 - 7 - 5504 - 1611 - 6

Ⅰ.①汶… Ⅱ.①陈… Ⅲ.①地震灾害—灾区—生态环境—
环境破坏—研究—汶川县②地震灾害—灾区—生态恢复—研究—
汶川县 Ⅳ.①X171.4

中国版本图书馆 CIP 数据核字(2014)第 230599 号

汶川地震重灾区生态破坏及灾后生态恢复建设对策

陈 旭 等著

责任编辑:李 才
封面设计:何东琳设计工作室
责任印制:封俊川

出版发行	西南财经大学出版社(四川省成都市光华村街55号)
网 址	http://www.bookcj.com
电子邮件	bookcj@ foxmail.com
邮政编码	610074
电 话	028 - 87353785 87352368
照 排	四川胜翔数码印务设计有限公司
印 刷	成都时时印务有限责任公司
成品尺寸	185mm × 260mm
印 张	9
字 数	185 千字
版 次	2014 年 10 月第 1 版
印 次	2014 年 10 月第 1 次印刷
书 号	ISBN 978 - 7 - 5504 - 1611 - 6
定 价	45.00 元

作者简介

　　陈旭，男，46岁，四川省委党校教授。毕业于电子科技大学经济管理学院管理科学与工程专业，获博士学位。2005年参加中国和加拿大政府合作的"中加环境可持续发展管理"项目，多次参加生态环境保护管理有关的培训、考察和会议，发表数篇生态环境保护管理方面的论文。在汶川地震发生后，又多次深入灾区进行调研，与课题组成员一起开展资料收集和研究。

内 容 简 介

　　"5·12"汶川特大地震不仅造成大量人员伤亡和财产损失，而且还严重毁损了灾区的生态资源和生态环境。虽然灾后恢复重建三年任务两年已经基本完成，但特大地震造成的危害及次生灾害，对生态环境的影响和破坏还将持续很长时间，地震灾区在2008年后多地多次发生地质灾害，表明灾区的生态稳定和恢复重建的任务将艰巨而漫长。在灾后重建过程中，生态环境的恢复重建与住房及基础设施重建同样重要，值得研究和总结。

　　本书以生态环境保护理论、产业发展理论、可持续发展理论等为依据，借鉴生态学、环境学、经济学及管理学等领域相关研究成果，从六个方面进行了深入研究：①通过汶川地震重灾区地震前后的比较，对生态环境和资源环境遭受破坏情况进行分析；②根据重灾区灾后重建的实际情况，分析各地灾后生态环境重建的重点与难点，在生态恢复重建过程中存在的问题、影响因素及原因；③从国际视野角度研究灾后生态恢复重建问题，借鉴国际经验和做法；④提出地震重灾区生态环境重建的模式选择；⑤分析地震重灾区生态环境重建的实现途径；⑥在以上研究基础上提出汶川地震重灾区生态环境恢复重建的对策和政策建议——主要研究在城镇和农村住房重建过程中如何考虑生态重建问题，结合产业（农业、工业、旅游业）重建中如何进行生态重建，如何发挥政府在此过程中的影响和作用等。

　　本书通过研究认为，地震灾区生态系统遭受破坏后不仅仅影响灾区，更有可能波及整个长江流域。但生态恢复建设是一个系统工程，不可能像搞基本建设那样快，必须尊重自然规律，根据各地情况将会呈现出有快有慢、有先有后的格局，必须做好长期重建的准备。同时，灾区生态恢复建设问题，不仅仅是生态问题，而且是涉及生态、环境、经济、社会、人口、文化等多方面的问题，必须全面统筹协调。在灾后重建中因地制宜采取多种生态重建模式，通过多种渠道和方式建立生态保护和恢复重建的长效机制，以促进地震重灾区灾后生态恢复的科学重建。

目　录

第一章　绪论

"5·12"汶川大地震是新中国成立以来最严重的破坏性最强的地震，震级达到里氏8.0级，最大烈度达到11度，并带来滑坡、崩塌、泥石流、堰塞湖等严重次生灾害。地震灾区本来也是我国生态环境十分脆弱的地区，山高谷深坡陡，水土流失严重，滑坡、泥石流频发，岷江干旱河谷植被退化严重。地震在造成人员伤亡惨重，城乡居民住房大量损毁，北川县城、汶川县映秀镇等部分城镇和大量村庄几乎被夷为平地的同时，地震及其引发的滑坡、崩塌、泥石流对生态系统造成了严重破坏，被地震破坏的生态系统超过12万公顷（1公顷＝0.01平方公里。下同）。一方面，由于地震重灾区的岩石大面积松动，土壤圈与岩石圈部分脱离，造成自然山体发生滑坡、泥石流等，植被失去了附着基础，自然生态系统遭受严重损坏，森林大片损毁，野生动物栖息地丧失与破碎，由地震引发的大量次生地质灾害，对陆地生态系统造成了严重破坏，使得地震灾区的生态功能退化。地震造成山体崩塌、滑坡，损毁了大量的植被，形成大面积裸露地表。没有植被覆盖地表，雨天极易造成泥石流和塌方，晴天易造成大风扬尘，直接威胁着灾区人民的生产、生活和安全。另一方面，汶川地震重灾区位于岷江、涪江、嘉陵江、白龙江等江河水系上游，严重的水土流失、泥石流和塌方，导致大量的泥沙流入岷江、涪江、嘉陵江等江河，造成水体污染、泥沙淤积，威胁整个长江中下游的生态安全和生活用水安全。大量泥沙、岩土体直接输入江河中，或淤塞河道、水库，或形成众多堰塞湖，直接破坏了河流生态系统。与灾区的家园重建一样，地震后生态环境的修复也是摆在灾区各级政府面前的重大任务。灾区的产业发展也受到严重影响，耕地大面积损毁，主要产业、众多企业遭受重创。为了减少灾后次生灾害的影响，及时开展灾后重建和尽快恢复生产，急需对灾区被损毁植被进行生态修复；同时结合生态修复，因地制宜地开展植树造林、种草养畜等措施恢复生产，重振灾区经济发展。

一、汶川地震重灾区生态恢复建设研究的目的和意义

汶川大地震发生后，人员伤亡、财产损失、灾后恢复重建等问题受到了高度重视。然而，地震后生态环境破坏与受损状况却没有得到足够的关注。由于本次地震灾区多为生态环境敏感的高山峡谷区，资源承载力较低，生态功能极端脆弱，地震及其次生灾害造成大量山地植被和森林遭到损毁，导致了生态破坏，生态系统失去平衡，其间接损失远大于直接经济损失。同时，灾区的次生地质灾害如山崩、塌方、泥石流、堰塞湖等十分严重，对生态环境的破坏更强于地震本身造成的破坏，加速了土壤退化和地表物种的减少，植物涵养水土能力的降低会增

大地质灾害的发生频率，从而对地震重灾区的生态安全构成更大的威胁，并将在今后一段时间内不断威胁灾区群众生活、生产安全与山区交通生命线的安全。生态环境的严重破坏对灾区恢复重建造成了巨大的负面影响，会直接影响灾后重建工作的进程及质量，并将在一段时间内制约重灾区社会经济持续发展。而灾区被地震破坏的生态环境靠自然系统自身恢复的周期很长、难度很大，恢复效果差。因此，灾后生态恢复建设是地震灾后重建中一项复杂、长期、系统的任务，是灾后重建过程中最突出的问题之一。由于汶川地震重灾区是全球 25 个生物多样性热点地区之一和长江上游重要生态屏障，其生物多样性、水源涵养、水土保持、生态景观等主导生态功能地位十分突出。在灾后重建中，通过多种途径恢复和改善受灾地区生态系统，尽快使植被覆盖裸露地面，充分发挥其生态功能，减少裸露区域被雨水冲刷，减少地面径流，有效防止水土流失。加强生态环境恢复与建设，提高生态系统的服务功能，将可以有效地遏止生态环境退化的趋势。

由于地震重灾区大量山地植被的损毁使下游地区失去了生态屏障，没有植被的覆盖，一旦下雨，这里还会塌方，不仅路保不住，水也保不住，还有可能形成新的堰塞湖；而大面积的裸地在雨季又极易形成大规模的山洪、泥石流，威胁流域内新建城镇的安全，严重威胁长江上游的生态安全，如不及时加以修复和重建，不仅会使当地居民难以同自然相处，也会对成都平原以至长江中下游的生态安全带来巨大隐患；不仅使当代人与自然关系紧张，也会影响我们后代在此地安居乐业。因此，在灾后重建中急需对遭受破坏的林地植被进行修复，以恢复森林涵养水源、保持水土的功能。良好的生态环境是灾区进行社会经济发展的基础，是灾区灾后重建的一个重要环节，也是灾区发展农业和构建良好人居环境的一个重要前提；地震重灾区的生态恢复建设既是灾后产业重建的基本保证和重要支撑，又是有效防止地震次生灾害发生的关键环节和必然途径。因此，生态环境的修复是灾区生产自救、重建家园的基本保障和物质基础，生态环境修复重建是灾后重建的重中之重。如何结合四川地震灾区实际情况，遵循"经济社会发展与生态环境资源保护相结合"的原则，从生态文明建设的角度，深入分析和思考四川地震重灾区生态环境恢复重建问题非常必要，也具有非常重要的意义。

因此，本课题选择"汶川地震重灾区生态破坏及灾后生态恢复建设对策"作为研究题目，抓住了影响灾后重建中的关键问题。本课题的研究成果将为四川省地震重灾区的生态恢复建设提供理论和实践指导。

二、研究思路和主要观点

（一）研究思路

本课题的研究思路是：①对汶川大地震重灾区生态环境遭受的破坏进行分析——主要是评估地震对重灾区生态环境建设的影响，包括森林植被破坏损失、生态旅游景区损失、动植物栖息地破坏、区域生态功能下降、次生地质灾害及隐患、水环境安全隐患等方面；②主要根据重灾区灾后重建的实际情况，分析各地灾后生态环境重建的重点与难点，以及灾后生态建设的条件和不足；③分析地震重灾区在灾后生态恢复重建过程中存在的问题、影响因素及原因；④提出汶川地震重灾区生态环境恢复重建的对策分析和政策建议——主要研究结合城镇和农村住房重建过程中如何考虑生态重建，结合产业（农业、工业、旅游业）重建中如何进行生态重建，如何发挥政府在此过程中的影响和作用。

（二）主要观点

（1）汶川大地震的主震区位于青藏高原的东北边缘，山高林密，雨量充沛，植被茂盛，是中国的重要林区和水源地之一，矿产资源和动植物资源富足，旅游资源更是别具一格。作为长江上游地区，地震灾区生态系统遭破坏的不仅仅是灾区，更有可能波及整个长江流域。汶川地震重灾区的灾后恢复重建，不仅要重视住房重建、基础设施重建和产业重建，而且要更加重视生态环境的恢复和重建。因为生态恢复建设是一个系统工程，不可能像搞基本建设那样快，必须尊重自然规律，生态修复以林草植被恢复为主要内容，更容易受季节、气候、土壤、水分等自然地理条件的限制，有效重建时间短、空间有限，成果保存难度大，难以在短期内完全恢复到震前状态。特别是在岷江干旱河谷的汶川、茂县等地，自然条件相当恶劣，山体整个坍塌了，树苗种上去很难存活，生态恢复将是一个漫长的过程。相对于经济重建、社会重建，尤其是民生项目重建而言，四川生态修复重建困难重重，任务十分艰巨。这不是可以一蹴而就的简单工程，需要 5 ~ 10 年的时间，甚至时间更长一些。根据生态破坏情况，专家估计，生态环境要恢复到震前水平，大概需要十年的时间。因此，在地震重灾区的生态恢复建设过程中，将会呈现出有快有慢、有先有后的格局，必须做好长期应对的准备。

（2）灾区生态恢复建设问题，不仅仅是生态问题，而且是涉及生态、环境、经济、社会、人口、文化等多方面的问题。生态环境资源是灾区恢复重建和区域可持续发展的支撑系统，各区恢复重建工作不是由区域最具优势的社会系统和经济系统决定，而是由区域环境容量决定，这源于生态环境的整体性、系统性与最小限制性特征。在灾后重建过程中再不能以近期利益和开发利益为主而牺牲长远利益和整体利益。应全面考虑，从短期到长期相结合，社会经济发展和生态环境资源的协调、可持续性与生态文明的建设相结合，这是一个非常紧迫的问题。

在地震重灾区，人类的活动已经超过当地生态环境和资源的承载能力，早已出现了生态赤字。对于生态环境脆弱、敏感、生态地位重要和水土流失严重的区域和自然条件恶劣等不适合人居的地区，生态环境问题、民族问题、贫困问题相互交织，既影响了贫困人口的脱贫致富，又加剧了生态环境的恢复与重建，更不利于民族团结与社会稳定。因此，要调节生态环境容量与人口规模的杠杆，根据土地供给条件、水资源条件、基础设施条件、创业致富条件、产业支撑条件、城镇发展及移民安置条件、宗教及文化条件等实际情况，通过劳务输出、投亲靠友、社区迁移、就地就近安置等适度生态移民。在灾后生态恢复建设过程中，要尊重自然规律，以生态系统自然恢复为主，引导灾区内人口适当集中、跨区转移，产业结构进行调整和重新布局，合理开发自然资源，减轻人口和经济社会发展对生态的压力。生态移民不能光看经济发展，还应考虑生态环境、资源存量、人口容量、生产条件、民族文化、生活习惯问题。应根据地质地貌条件、生态环境特点、资源承载能力，确定适宜人口居住和城乡居民点建设的范围以及产业发展导向。

（3）以生态补偿为保障，建立生态保护和恢复重建的长效机制。由于地震重灾区的生态环境脆弱、生态服务功能非常重要，为了减少在灾后重建和经济发展过程中对生态环境的进一步破坏，非常有必要尽快出台符合灾区实际，特别是符合受灾较重的区县实际情况的生态补偿和生态修复机制，以生态功能区保护和修复为重点，有效开展生态恢复与重建，以促进该地震重灾区灾后生态恢复的有效重建；进一步明确生态补偿的资金来源、补偿渠道、补偿方式和保障体系；侧重研究在流域上下游、生态保护和建设项目、基础设施建设项目以及产业链上下游产业之间的生态补偿问题，为全面建立受灾区县生态补偿机制提供方法和经验。

第二章　汶川地震重灾区
生态环境的基本态势

　　汶川地震灾区位于中国东南与西北季风交汇区，垂直地带变化明显，气候类型多样，为生物物种多样性和生态系统多样性创造了良好条件，其生态功能及地位非常重要，生物多样性、水源涵养、水土保持、生态景观等生态功能的地位十分突出，这里是全球 34 个生物多样性热点地区之一，是长江上游重要的生态屏障，是中国生态保护的核心区域。

一、地震重灾区的范围及地形地貌

（一）重灾区的行政区域范围

　　2008 年 5 月 12 日 14 时 28 分，四川省汶川县发生了里氏 8.0 级特大地震，这是新中国成立以来破坏性最强、波及范围最广、救灾难度最大的一次地震。这次大地震波及四川、甘肃、陕西、重庆等 16 个省（区、市），全国共有 417 个县、4 624 个乡（镇）、46 574 个村庄受灾，灾区总面积达 44 万平方公里，受灾人口逾 4 561 万人。①

　　“5·12”汶川大地震重灾区主要分布于都江堰—什邡—绵竹—汶川—北川—青川一线的狭长带状范围内，横跨岷江、涪江、嘉陵江上游，是长江上游生态屏障的重要组成部分，水资源重要基地，我国重点林区和自然保护区密集的区域。

　　四川省有 10 个极重灾县，29 个重灾县。受灾严重的主要地区是成都市、绵阳市、德阳市、广元市、阿坝藏族羌族自治州。受灾区域总面积达 83 773 平方公里，受灾群众逾 1 542.4 万人（图 2-1 为地震重灾区地理位置直观图）。其中：

　　成都市重灾区分布在 3 个市（县级）和 1 个县，受灾区域总面积达 5 260 平方公里，受灾群众逾 258.4 万人。其中都江堰市与彭州市为极重灾县，受灾区域总面积达 2 627 平方公里，受灾群众逾 140.4 万人。受灾最严重的都江堰市（又名灌县），受灾区域面积 1 208 平方公里，受灾人口 60.9 万人，辖灌口、幸福、蒲阳、聚源、崇义、天马、石羊、柳街、玉堂、中兴、青城山、龙池、胥家、安龙、大观、紫坪铺、翠月湖 17 镇，向峨、虹口 2 乡。

---

　　① 陈大莲. 汶川地震重建政策的区域经济影响及应对——一个初步判断与思考［J］. 地方财政研究，2009（10）.

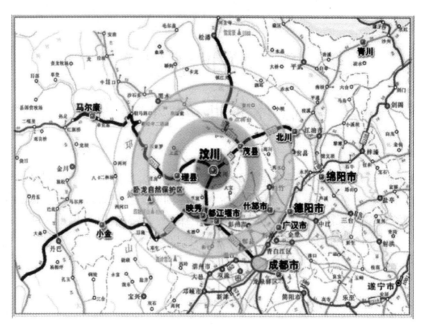

图 2-1 地震重灾区地理位置直观图①

绵阳市重灾区分布在 2 个区、2 个县和 3 个市，受灾区域总面积达 20 285 平方公里，受灾群众逾 537.9 万人。其中安县、平武县、北川羌族自治县为极重灾县，受灾区域总面积达 10 247 平方公里，受灾群众逾 85.7 万人。受灾最严重的北川羌族自治县受灾区域面积 2 869 平方公里，受灾人口 16 万人，辖桂溪、香泉、陈家坝、贯岭、禹里、片口、漩坪、白坭、都坝、墩上、马槽、坝底、小坝、白什、青片、开坪、桃龙 17 个乡，曲山、擂鼓、通口 3 个镇。

德阳市重灾区分布在 1 个区、2 个市和 6 个县，受灾区域总面积达 5 818 平方公里，受灾群众逾 385.3 万人。其中什邡市、绵竹市为极重灾县，受灾区域总面积达 2 108 平方公里，受灾群众逾 94.4 万人。受灾最严重的绵竹市区域面积 1 245平方公里，受灾人口 51.3 万人，辖剑南、汉旺、玉泉、土门、广济、板桥、清道、孝德、五福、金花、富新、遵道、新市、拱星、齐天、观鱼、齐福、什地、东北、西南、武都、绵远、兴隆、九龙 24 镇，清平、天池 2 乡。

广元市重灾区分布在 3 个区和 4 个县，受灾区域总面积达 16 432 平方公里，受灾群众逾 307.4 万人。其中青川县为极重灾县，受灾区域总面积达 3 269 平方公里，受灾群众逾 24.8 万人。受灾最严重的青川县辖乔庄、青溪、木鱼、竹园、房石、关庄、凉水、沙州、姚渡 9 个镇，大坝、三锅、桥楼、石坝、建峰、马鹿、七佛、前进、黄坪、马公、营盘、孔溪、红光、茅坝、骑马、洞水、茶坝、板桥、瓦砾、苏河、曲河、楼子、白家、乐安寺、观音店、金子山 26 个乡，嵩

① 东北财经大学经济与社会发展研究院专题调研组. 众志成城："5·12汶川大地震抗震救灾"研究专题［J］. 发展研究参考，2008（8）.

溪回族乡、大院回族乡 2 个民族乡。

阿坝藏族羌族自治州重灾区分布在 7 个县，受灾区域总面积达 35 978 平方公里，受灾群众逾 53.4 万人。其中汶川县、茂县为极重灾县，受灾区域总面积达 8 163平方公里，受灾群众逾 21.4 万人。受灾最严重的汶川县受灾区域总面积达 4 088平方公里，受灾群众逾 10.5 万人，辖威州、绵虒、映秀、卧龙、漩口、水磨 6 个镇，龙溪、克枯、雁门、草坡、银杏、耿达、三江 7 个乡。

（二）地震重灾区的主要地形地貌

汶川地震造成龙门山山脉大部分地区受灾，其受灾严重的县（市、区）有 51 个，四川有 39 个。地震灾区主要位于我国地形地貌、气候、土壤、生物多样性、植被以及人文资源荟萃的一条重要过渡交错带（岷山—邛崃山脉）及其向四周延伸区域内，面积约 15 万平方公里，横跨岷江、涪江、嘉陵江上游，是长江上游生态屏障的重要组成部分，是成都平原和四川盆地的生态屏障。灾区自然条件复杂，由高山、中低山、丘陵以及山间平原等地貌类型组成，包括高山峡谷区、四川盆周山地、成都平原、川中丘陵以及秦巴山地等地理单元，区域内植被类型多样，但生态脆弱性强，抗干扰能力弱，严重破坏或退化后恢复困难。根据海拔高度将该区域概括为高山区、中山区、低山丘陵区三个区域。由于汶川、理县、茂县部分地区气候属干旱河谷区，其自然条件与其他区域有明显的区别，所以将该区域单独列出，统称为干旱河谷区。其分区主要特点如下：

1. 高山区

主要分布于山体顶部，海拔 3 500 米以上，由于山高，气候寒冷，年均温在 6℃ 以下，交通不便，生活条件恶劣，人烟稀少。该区域的山体大部分相对平缓，植被较好，主要植被以四川蒿草等莎草科和羊茅、草地早熟禾等禾本科以及蓼、蒲公英等杂类草为主的高山草甸，还有锦鸡儿、杜鹃、小叶柳、箭竹和沙棘等为主的高山灌木。地震引发产生的滑坡裸地对灾区人民生活的影响相对不太直接，但给水源涵养与水土保持等生态服务功能带来一定影响。

2. 中山区

主要分布于海拔 1 500~3 500 米，气候温凉湿润，年均温 10.6℃，多雾、温差大、日照短、土壤瘠薄。主要草原植被以白茅、芸香草、扭黄茅等禾本科，芒、蕨类等杂类草为主的山地草甸草地，还有马尾松、柏木、桤木、黄荆和映山红等山地乔灌木。本区域在 2 500 米以下地区和交通方便的 2 500 米以上地区有少量人定居，从事农牧业生产。因此，地震引发的滑坡裸地不仅对农民的生产、生活有较为直接的影响，同时也对水源涵养与水土保持生态服务功能造成较大的影响。

3. 低山丘陵区

主要分布于山地与平原的过渡地带，盆地周围各类大小河流的谷地末端。山体地势差别大，有的较为陡峭，海拔在 1 500 米以下，年均温 16℃，雨热同季，年降雨量 900 毫米以上，雨季多集中在 5~10 月，无霜期较长。土壤相对肥沃，植物生长茂密，主要植被以白茅、芒、拟金茅、画眉草、十字马唐等山地草丛草地为主，常散生有柏木、黄荆等乔灌木。本区由于地处四川盆地边沿，经济发达，人口较多，地震引发的山体滑坡和植被裸露不仅损毁房屋、公路、电力、水利设施等，对灾区的工农业生产、人民生活有较为直接的影响，同时也对成都平原以及成（都）德（阳）绵（阳）经济产业带的生态安全直接构造威胁。

4. 干旱河谷区

主要分布于岷江上游的中山河谷地带，海拔 800～2 600 米。本区山势陡峭，土壤瘠薄，气候干燥，降水少而不均，年均降雨量 520 毫米左右，具有蒸发量大、日照充足、昼夜温差大、气候类型多样、垂直变化显著等特点。植被主要以扭黄茅、兰香草、狗尾草、苿草、白茅等旱生半旱生草丛草地为主，常散生有金合欢、清香木、小叶黄荆等灌丛。该区植被盖度一般在 40% 左右，生态脆弱性强，抗干扰能力弱，本身就水土流失严重，滑坡、泥石流等地质灾害时有发生，加之本次地震引发的山体崩塌、滑坡、泥石流等次生灾害造成的植被毁损，使山体裸露极为严重。本区多处于交通干线地带，同时也是重要水电开发、矿物开采区和工业生产区，人口较多，地震引发产生的滑坡裸地不仅对灾区的工农业生产、人民生活有较为直接的影响，而且还会对其下游经济发达地区的用水、用电和生态安全造成威胁。代表区域为岷江河谷从映秀到汶川、理县、茂县一带，是植被恢复的重点区域，也是难点区域。

二、重灾区在地震前的国民经济社会发展概况

汶川大地震前，地震灾区经过近三十年改革开放，国民经济取得了长足的发展，经济面貌发生了巨大变化，为灾后重建工作提供了物质保障，国民经济发展概况主要表现在以下六个方面：

（一）经济情况

1. 经济总量

截至 2007 年年底，重灾区的国内生产总值为 2 138.212 亿元，占 2007 年全省经济总量的 20.35%；人均 GDP 为 12 183.544 元，略高于当年全省的人均生产总值。其中经济总值最大的县是绵阳市的涪城区（240.448 1 亿元），境内有以中国长虹电子集团为代表的 200 多家大中型工业企业；最小的县是阿坝州的小金县，为 4.495 1 亿元，主要以旅游发展为主。综合以上数据可以看出地震重灾区在整个四川省属于经济较发达地区，在整个县级经济总量排名中都占据了比较靠前的位置（见表 2-1），特别是成都市、德阳市、绵阳市这些地区更是四川经济的主要支柱地区。

表 2-1　　　　2007 年地震重灾区县级地区经济总量全省排名

序号	地区	GDP（万元）	GDP 排名
1	涪城区	2 404 481	8
2	旌阳区	1 579 167	12

表2-1（续）

序号	地区	GDP（万元）	GDP 排名
3	绵竹市	1 425 244	13
4	江油市	1 384 432	14
5	什邡市	1 272 761	15
6	都江堰市	1 162 156	24
7	广汉市	1 102 561	25
8	彭州市	1 084 228	26
9	中江县	1 058 778	27
10	大邑	648 539	55

（资料来源：2008 年四川省统计年鉴）

2. 经济发展速度

2007 年年底，地震重灾区 39 个县 GDP 总量达到 2 138.212 亿元，同比 2006 年 1 786.479 6 亿元增长了 16.69%，增长速度明显低于全省的 21.62%；人均 GDP 为 12 183.544 元，同比 2006 年 10 230.84 元增长了 19.09%。其中增长速度最快的广元市朝天区为 31%，这得益于近年来该地区的产业结构调整和对农业发展的大力投入，三大产业的产业结构已由 1989 年的 74.2：6：19.6 调整为 2007 年的 36.4：29.9：33.7；增长速度最低的阿坝州松潘县为 15%，同样，该地区的增长速度也大大低于西南其他省份，但却大大高于同期全国平均增长水平（同期：全国 10.6%；贵州 20.7%；云南 21.6%；广西 23.3%）。

2003—2007 年，重灾区的 GDP 总量连续五年实现 15% 以上的增长，比全国同期年平均增长 10% 高出 5 个百分点。重灾区财政收入由 2002 年的 356 595 万元增加到 2007 年的 591 966 万元，年均增长 11%，远低于全省年均增长速度的 24%，财政收入占国内生产总值的比重与同期相比也由 2.77% 上升到 3.11%。

（二）人民生活

地震前，随着西部大开发的不断落实，再加上加入世界贸易组织后的对外出口不断增加，地震重灾区的经济不断发展，人民生活无论在数量上还是质量上均得到显著改善。

1. 收入

地震重灾区城乡居民收入不断提高。2007 年年底，地震重灾区的职工工资总额达到 198.443 7 亿元。劳动者平均工资从 2002 年的 10 854 元增加到 2007 年的 20 210 元，五年之间增长了近一倍，年均增长率为 13%，高于该地区五年间的年均通货膨胀率，说明人民的收入水平得到了一定的提高，但是却低于该地区近五年的生产总值年均增长率，说明社会财富在总体增加的基础上，财富的分配依然不是很均衡，贫富差距在拉大。

2. 储蓄

地震重灾区城乡居民储蓄存款不断增加。2007 年年底，重灾区城乡居民储蓄存款余额达到 1 379.182 2 亿元，比 2002 年的 670.985 8 亿元多出 708.196 6 亿元。五年之内人民的财产性收入多出了一倍。可以看出地震重灾区的人民在地震前的这段时间里生活水平与经济实力正在同步改善。

（三）基础设施建设

几年来，重灾区基础设施建设不断发展，从交通运输建设来看，2006—2007年地震重灾区公路里程由 39 406 公里增加到 44 636 公里，年增长率为 13.27%。特别是南江县 2007 年一年公路里程就由 1 028 公里增加到 4 420 公里①，增加了近 4 倍，这得益于国家西部大开发的宏观政策，更是当地经济发展的需要。

（四）产业发展

1. 农林牧业

近年来，地震重灾区的农业发展也取得了显著成绩。2002—2007 年地震重灾区的农林牧渔业总产值由 4 035 349 万元增加到 7 802 555 万元，五年之间农林牧业产值增长了 1.93 倍，年均增长率为 14%；2002—2007 年地震重灾区的农用电量由 255 364 万千瓦小时增加到 368 891 万千瓦小时，五年之间增长了 44%，年均增长率为 8%。

2. 工业

地震重灾区中，德阳市、绵阳市、广元市都是四川省的工业大市，近年来随着工业发展模式的调整，工业发展水平不断提高。2002—2007 年，地震重灾区的工业产值从 6 418 308 万元增加到 22 178 982 万元，五年之间工业产值增长了 3.45 倍，年均增长率为 15%；其中又以外商投资的企业增长最快，平均年增长率为 48%，大大高于其他类型企业。

3. 产业结构

衡量国家或地区的经济发展，产业结构水平是一个重要的指标。地震重灾区经过改革开放及西部大开发的深入发展，产业比重也由原来的第一产业向第二产业倾斜。② 截至 2007 年年底，四川地震重灾区的 39 个县、市、区三大产业产值比例为 21∶47∶32。

（五）对外贸易

由图 2-2，可以看出 2003—2007 年地震重灾区的出口总额波动性增长，实际利用外资缓慢爬行增长。2007 年，地震重灾区出口总额为 148 478 万美元，相比 2003 年增长了 56%，年均增长 12%，但是相比 2006 年却降低了 5.3%；2007年，实际利用外资金额为 38 609 万美元，相比 2003 年增长了 327%，年均增长率为 44%，相比 2006 年，实际利用外资金额增长了 30.5%。

（六）教育和卫生发展

据四川省统计局统计，2007 年地震重灾区 39 个县学龄儿童入学率平均都在99%，中小学在校学生数为 768 207 人，中小学专职任课教师数为 123 696。2007

① 四川省统计局. 2006—2007 四川省统计年鉴［M］. 北京：中国统计出版社，2009.
② 王关义. 中国经济发展：现状、问题与对策［J］. 生产力研究，2008（7）.

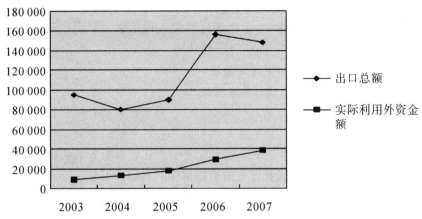

图 2-2　2003—2007 年地震重灾区出口总额与实际利用外资金额（单位：美元）
（资料来源：2003—2008 年四川省统计年鉴）

年年底地震重灾区医院、卫生院总数为 1 443 所，平均 12 716 人共用一个医院、卫生院；医院、卫生院床位数为 46 290 张，平均每 380 人共用一张床位；医院、卫生院技术人员 44 612，其中医生人数为 19 918 人，平均每 394 人共用一个技术人员，每 882 人共用一个医生。

三、地震前的生态环境态势

"5·12"地震灾区位于岷山—邛崃山系的龙门山地区，是我国中部的一个大尺度的复合性生态过渡地带，是全球生物多样性保护的热点地区。根据全国生态功能区划，地震重灾区涉及 6 个生态亚区，这一区域的主导生态功能包括水源涵养、水土保持、生物多样性保护，以及农、林产品提供，人居保障功能。龙门山区域岷江、沱江、嘉陵江、涪江的发源地，重要的水源涵养地和水土保持区，是长江上游生态屏障的重要组成部分，也是我国生物多样性保护的关键区域，区域生境复杂多样，物种分化活跃，特有种、古老、原始生物类型众多，是珍稀物种的基因库。该区域生态环境状况较好，森林覆盖率较高，是我国龙门山—横断山生物多样性保护关键地区。

从生态系统多样性来说，灾区复杂多样的气候、地形、地貌及高差，形成了陆生生态系统、盆周山地生态系统、高山生态系统、水生生态系统等丰富的生态系统多样性。从景观多样性来说，该区植被类型繁多，景观资源丰富多样，具有以地带性森林景观、森林季相景观、湿地景观、特有物种森林景观、稀濒兽类种群景观、稀濒鸟类种群景观为主体的珍稀特有物种生境景观、原始森林与湖泊或雪山冰川等复合景观等。同时也是大熊猫、川金丝猴、金丝猴、四川红杉、金钱槭等多种国家珍稀动植物的重要生境，是我国自然保护区最集中的区域，是我国大熊猫、川金丝猴等珍稀濒危物种的主要栖息地。10 个极重灾县拥有 7 个国家级自然保护区，16 个省级以上自然保护区，还分布着 3 处世界遗产保护地——

11

九寨沟—黄龙自然遗产地、邛崃山大熊猫栖息地自然遗产地以及都江堰—青城山文化遗产地，该区域是全球 34 个生物多样性热点地区之一。生物资源丰富，生态服务能力强，具有极高的生态景观服务功能，是我国生态保护的核心区域之一，也是全球生物多样性保护的关键地区。

（一）地震重灾区生态环境的基本情况

地震灾区位于中国东南与西北季风交汇区，垂直地带变化明显，气候类型多样，为生物物种多样性和生态系统多样性创造了良好条件，生物多样性、水源涵养、水土保持、生态景观等生态功能的地位十分突出。并且地震灾区位于四川盆地向高山高原的过渡地带，属长江上游生态屏障的腹心，系长江上游生态屏障的关键部分，其生态功能的发挥首先维系着成都平原及四川社会经济发展，同时也关系着长江流域的生态安全和经济社会可持续发展。本书中的地震重灾区主要是指受灾最严重的成都、绵阳、德阳、广元、阿坝四市一州。

1. 生态质量

（1）耕地现状

耕地总量逐年减少，人均占有量小，用途不稳，总量不断下降，局部地区土壤污染严重是现在地震重灾区耕地的主要状况。成都、绵阳、德阳、广元、阿坝这五个重灾区总体而言，耕地面积从 2002 年到 2007 年，减少了 54.85 千公顷，年均减少幅度为 1%，人均耕地面积不足 0.05 公顷，为全国同期平均占有耕地的 1/2，不足世界人均水平的 21%。统计资料显示，2007 年地震重灾区耕地面积中国家基建占用耕地的比例最大，占耕地减少总量的 55%，乡村集体占用耕地比例为 10%，个人建房占用耕地为 2.6%。在耕地被大量侵占的同时，每年又有大量耕地被退耕还林，2007 年因退耕还林而减少的耕地面积大约为 1.08 千公顷，占耕地减少量的 2%。

从成都市的情况来看，据统计资料显示，2007 年年底成都市耕地面积为 344.84 千公顷，同比 2002 年减少了 36.23 千公顷，年均减少幅度为 1.9%，人均耕地面积不足 0.03 公顷，为全省同期人均占有耕地面积的 2/3，不足世界人均水平的 13%。2007 年成都市耕地面积中国家基建占用耕地的比例最大，占耕地减少量的 73%，乡村集体占用耕地比例为 12%，个人建房占用耕地为 2.4%，其他 12.6%。

从德阳市的情况来看，据统计资料显示，2007 年年底德阳市耕地面积为 190.82 千公顷，同比 2002 年减少了 8.13 千公顷，年均减少幅度为 0.8%，人均耕地面积不足 0.05 公顷，为全省同期人均占有耕地面积的 111%，不足世界人均水平的 21%。2007 年德阳市耕地面积中国家基建占用耕地的比例最大，占耕地减少量的 73%，乡村集体占用耕地比例为 17%，个人建房占用耕地为 8%，其他 2%。

从绵阳市的情况来看，据统计资料显示，2007 年年底绵阳耕地面积为 283.71 千公顷，同比 2002 年减少了 9.58 千公顷，年均减少幅度为 0.65%，人均耕地面积不足 0.053 公顷，为全省同期人均占有耕地面积的 1.18 倍，不足世界人均水平的 22%。2007 年绵阳市耕地面积中国家基建占耕地减少量的 31%，乡村集体占用耕地比例为 10%，个人建房占用耕地为 5%，其他 54%。

从广元市的情况来看，据统计资料显示，2007 年年底广元市耕地面积为 161.89 千公顷，同比 2002 年增加了 1.36 千公顷，年均增长幅度为 0.16%，人均耕地面积不足 0.053 公顷，为全省同期人均占有耕地面积的 1.18 倍，不足世界人均水平的 22%。2007 年广元市耕地面积中国家基建占耕地减少量的 29%，乡村集体占用耕地比例为 8%，个人建房占用耕地为 3.4%，其他 59.6%。

从阿坝州的情况来看，据统计资料显示，2007 年年底阿坝州市耕地面积为 60.1 千公顷，同比 2002 年减少了 1.27 公顷，年均减少幅度为 0.4%，人均耕地面积不足 0.07 公顷，为全省同期人均占有耕地面积的 1.56 倍，不足世界人均水平的 29.4%。2007 阿坝州耕地面积中国家基建占耕地减少量的 5.7%，乡村集体占用耕地比例为 2.6%，个人建房占用耕地为 0.5%，其他 91.2%。

（2）土地退化现状

四川是全国水土流失和土地沙化、石漠化最为严重的省份之一，湿地和草场退化问题十分突出。全省现有水土流失面积 22 万平方公里，沙化、石漠化等土地 3 600 多万亩，且治理难度很大。[①] 截至 2007 年年底，地震重灾区水土流失总面积为 58 034.74 平方公里，占该地区国土面积的 43.7%；水土流失面积的五种不同程度——剧烈、极强烈、强烈、中度、轻度的水土流失面积占总流失面积的比例分别为 1%、3%、13%、45%、38%。[②]

五个重灾地级市情况分别为：成都市的水土流失总面积为 939.31 平方公里，占该地区国土面积的 7.8%；水土流失面积的五种不同程度——剧烈、极强烈、强烈、中度、轻度的水土流失面积占总流失面积的比例分别为 16%、60%、22%、1.7%、0.3%。德阳市的水土流失总面积为 1 855.24 平方公里，占该地区国土面积的 30.9%；水土流失面积的五种不同程度——剧烈、极强烈、强烈、中度、轻度的水土流失面积占总流失面积的比例分别为 26.6%、43.3%、28.9%、1.9%、0。绵阳市的水土流失总面积为 10 863.02 平方公里，占该地区国土面积的 54.3%；水土流失面积的五种不同程度——剧烈、极强烈、强烈、中度、轻度的水土流失面积占总流失面积的比例分别为 37.2%、34.9%、12.8%、3.4%、0.5%。广元市的水土流失总面积为 1 278.41 平方公里，占该地区国土面积的 8%；水土流失面积的五种不同程度——剧烈、极强烈、强烈、中度、轻度的水土流失面积占总流失面积的比例分别为 12.2%、29.1%、50.3%、6.7%、1.7%。阿坝州的水土流失总面积为 17 624.52 平方公里，占该地区国土面积的 21.2%；水土流失面积的五种不同程度——剧烈、极强烈、强烈、中度、轻度的水土流失面积占总流失面积的比例分别为 32.9%、46%、11.5%、4.4%、2.7%。

---

① 四川省林业网. http://www.scly.gov.cn/. 2009-08-20.
② 2007 年中国水土保持公告. 中国水土保持生态环境建设网. 2008-02-26.

（3）草地现状

四川重灾区草地（包括草山草坡）面积约为0.16亿公顷，占全省辖区面积的42.0%，分别是现有耕地面积的4倍、森林面积的1.5倍；草地面积更是四川省绿色植被生态环境中面积最大的生态系统。由于经济利益的推动和自然条件的自身因素，四川省草地资源正面临着草地质量下降，负荷超重等一系列问题。目前四川省草地退化、沙化和鼠害面积已达0.1亿公顷，占可利用草地面积的71.6%。其中退化草地0.07亿公顷，沙化草地18.77万公顷。①

（4）自然保护区与生物多样性现状

汶川地震重灾区生物多样性特征十分突出。从物种多样性来说，该区是动植物"避难所"和南北生物的过渡区，保存了大量的古老种和特有种，是整个东洋界植物区系最为丰富的区域。从生态系统多样性来说，灾区复杂多样的气候、地形、地貌及高差，形成了陆生生态系统、盆周山地生态系统、高山生态系统、水生生态系统等丰富的生态系统多样性。从景观多样性来说，该区植被类型繁多，景观多样性丰富，具有以地带性森林景观、森林季相景观、湿地景观、特有物种森林景观、稀濒兽类种群景观、稀濒鸟类种群景观为主体的珍稀特有物种生境景观、由原始森林与湖泊或雪山冰川等复合景观等，分布有都江堰—青城山世界文化遗产保护区，黄龙风景名胜区、九寨沟风景名胜区、四川大熊猫栖息地3个中国自然遗产保护区，7个国家级自然保护区，16个省级自然保护区。四川省地震重灾区在大地震发生前就先后建立了51个主要以保护大熊猫、金丝猴等珍稀濒危动植物多样性及其自然生态系统为目标的自然保护区，保护着至少263个重要物种（昆虫除外），其中国家1级和2级保护动植物60余种，处于IUCN易危（VU）以上级别的有80余种。②

阿坝州松潘县森林资源丰富，其境内分布着云杉、冷杉、桦木、岷江柏、紫果云杉等高山优质植物；境内野生动物种类繁多，珍稀野生动物358种，有大熊猫、金丝猴等国家1级保护动物10余种，有国家2级保护动物30余种。林业部门组织相关人力对辖区内333万亩（1亩＝0.000 667平方公里。下同）森林进行了常年管护，完成了公益林建设、人工造林、封山育林、义务植树等任务。小金县养育着名目繁多的珍稀动物。受保护并可观赏的珍稀动物主要有：大熊猫、牛羚、金丝猴、白唇鹿、马麝、云豹（一类）；毛冠鹿、藏马鸡、小熊猫、红腹角雉、盘羊（二类）；另有野生保护动物马鹿、大灵猫、金猫、水鹿、白臀鹿、斑羚、岩羊、猞猁、林麝、兔狲、短尾猴、水獭、血雉等。

（5）生态环境建设

地震灾区植被生态系统在维持区域生态安全方面具有重要作用，生态服务功能十分突出，是岷江、嘉陵江、沱江源头重要的水源涵养区和水土保持区，同时还涉及白龙江、涪江、青衣江等水系，是独特的水源补给区、重要的水源涵养与

水土保持区、区域生态安全的重要结点。

①成都市各重灾县生态环境建设

大邑县实施治水、治尘、治脏和绿化工程。建成了晋原、安仁、花水湾污水处理厂并投入运行；在全县 11 个乡镇实施了生活垃圾集中收集清运处置；开展无组织排放和无消烟除尘装置的小型工业燃煤设施的整治，完成 22 家（项）重点超标排污企业治理，中心城区晋原镇的企业实施新标准生产，型煤固硫剂推广率达 100%，其余乡镇达 90%。

②德阳市生态环境建设

什邡市 2007 年完成集体林权制度改革的宣传和试点工作，完成成片造林 7 000 亩，中幼林抚育 23 200 亩，新育苗 100 亩，村道绿化 100 公里，义务植树 66.91 万株。全市参加义务植树 18.9 万人，适龄公民尽责率达 96.5%，兑现退耕还林补助 650.9 万元。森林覆盖率达到 49.9%。中江县，全县巩固退耕还林工程 7 万亩，天然林管护 56.15 万亩，建设公益林 0.58 万亩；抓好造林绿化，育苗 120 亩，营造林 0.86 万亩，义务植树 152 万株，中林抚育 1.6 万亩次；抓好森林资源管理，遏制乱砍滥伐、偷拉盗运等行为发生；加强林地管理、护林防火、野生动物保护管理、林业有害生物的预防检疫工作。罗江县，加强林业生态建设，完成天保工程人工造林 3 600 亩，封山育林 3 000 亩，落实森林管护 8.68 万亩，完成 25 500 亩退耕还林工程的补植、抚育，完成防林工程建设 4 000 亩，完成义务植树 51 万株。

③绵阳市各重灾县生态环境建设

梓潼县，完成农业综合开发 5 000 亩，水土保持 20 平方公里，东方红水库灌区节水配套改造项目竣工投用，目前生态建设项目完成投资 2 500 万元。北川县，生态建设实施农村小康环保行动和"生态县"建设，加大天然林管护力度，完成公益林建设 1.8 万亩，巩固退耕还林成果 11.8 万亩。

④广元市生态环境建设

朝天区建立了水磨沟 7 337 公顷、嘉陵江湿地 38 860 公顷的 2 个自然保护区。旺苍县，全县实施天然林保护工程森林管护 242.33 万亩，实施公益林建设人工造林 0.5 万亩，封山育林 2.4 万亩；实施退耕还林管护 13.15 万亩，配套荒山造林管护 12.35 万亩；实施城周绿化和绿色通道工程建设 5.8 万亩。

⑤阿坝州生态建设

茂县，全县 2007 年完成 288 738.9 公顷森林管护任务，完成公益林建设人工造林 266.7 公顷、封山育林 1 000 公顷，完成补植 2004 年度人工造林 639.8 余公顷，完成补植 2006 年度封山育林 20 公顷。全年巩固退耕还林工程成果 23.95 万亩。其中，退耕还林 16.15 万亩、配套荒山人工造林 1.7 万亩、封山育林 6.1 万亩。松潘县，2007 年全县补植公益林 2.82 万亩，完成自然遗产外围区风景林改造 250 亩。小金县，2007 年完成新封面积 1 万亩，涉及 5 个林班 15 个小班，建永久性标牌 1 个，小标牌 3 个。补植历年人工造林地 11 154.6 亩。补植 2006 年封山育林地 7 485 亩。黑水县，2007 年封山育林 24 个小班 1 133.4 平方公里，巩固退耕还林成果 77 500 亩，春季补植 27 744.56 亩，义务植树 25 万株。

2. 地震前地震灾区承载能力分析

生态环境承载力，是指在当地的生态环境和生态体系不发生不可接受的变化这一前提下，最多能吸纳来访游客的最大数量。本文借鉴钱钧在 2009 年所写的《阿坝州地震灾区资源环境承载力评估》一文中的研究方法①分别对地震重灾区五个重灾地级市在地震前的水资源、环境容量、土地资源人口承载力及人口承载力的综合分析作简要说明。

（1）水资源承载力

水资源承载力评价选择人均水资源总量为评价指标，代表区域水资源丰富程度，反映水资源对灾区社会经济发展的支撑能力，见表 2-2：

表 2-2　　　　　　　　　　　地震重灾区人均水资源量现状

类型	水资源量（立方米/人）	市（州）
缺水	小于或等于 5 000 立方米	成都、德阳、绵阳、广元
不缺水	大于 5 000 立方米小于 10 000 立方米	—
丰富	大于或等于 10 000 立方米	阿坝州

整体来看，5 个重灾市、州（2005 年数据）地震重灾区水资源总量为 700 亿立方米，人均水资源量为 2 936 立方米，除阿坝州外水资源总量并不丰富。人均水资源量较小，构成发展的限制因素，不能支撑灾区恢复重建与适度发展。其中成都市、德阳市更是低于 1 000 立方米/人，绵阳、广元同样人均也仅有 2 000 多立方米，一样在水资源匮乏的边缘。可以说是到了水资源紧缺的程度，如果不加以注意和解决，水资源将是未来这两个市的一大发展瓶颈。

（2）土地资源人口承载力

土地是人类赖以生存和发展的物质基础，要生产自救、重建家园，土地资源的利用至关重要。地震重灾区本身处于丘陵山区，人均耕地面积少，土地资源异常宝贵。

①基于土地粮食人口承载力分析

以区域的耕地资源与粮食单产水平，用温饱型和小康型两种标准计算土地粮食承载力。温饱型以人均粮食综合消耗 300 公斤（1 公斤＝1 千克。下同）计算，小康型以人均粮食综合消耗 400 公斤计算②，来重点反映重灾区地震前的土地粮食人口承载力（见表 2-3）。

---

① 钱钧. 阿坝州地震灾区资源环境承载力评估 [J]. 西华大学学报，2009（3）.

② 彭立. 汶川地震灾区 10 县资源环境承载力研究 [J]. 四川大学学报，2009（3）.

表 2-3　　　　震前地震重灾区基于土地粮食人口承载力分析

行政区域	震前人口/万人	温饱型承载力/万人	小康型承载力/万人	温饱型承载潜力/万人	小康型承载潜力/万人
大邑县	32.4	70.8	53.1	38.4	20.7
都江堰市	43.8	57.8	43.35	14	-0.45
彭州市	54	96.4	72.3	42.4	18.3
崇州市	49.6	106.7	80.03	57.1	30.43
旌阳区	32.5	82.53	61.9	50.03	29.4
中江县	126.9	261.6	196.2	134.7	69.3
罗江县	20.7	45	33.75	24.3	13.05
广汉市	45.5	104.4	78.3	58.9	32.8
什邡市	33.8	67.1	50.33	33.3	16.53
绵竹市	40.1	100.5	75.38	60.4	35.28
涪城区	20.7	35.1	26.33	14.4	5.63
游仙区	34.8	78.27	58.7	43.47	23.9
三台县	128.2	246.2	184.65	118	56.45
盐亭县	51.9	98.77	74.08	46.87	22.18
安县	43.3	92.17	69.13	48.87	25.83
梓潼县	32.2	64.63	48.48	32.43	16.28
北川县	13.9	13.7	10.28	-0.2	-3.62
平武县	16.3	24.6	18.48	8.3	2.18
江油市	63.4	104.3	78.23	40.9	14.83
利州区	19.9	28.37	21.28	8.47	1.38
元坝区	21.5	44	33	22.5	11.5
朝天区	19.6	29.23	21.93	9.63	2.33
旺苍县	35.6	55.07	41.3	19.47	5.7
青川县	21.3	35.63	26.73	14.33	5.43
剑阁县	60	136.87	102.65	76.87	42.62
苍溪县	66.8	130	97.5	63.2	30.7
汶川县	6.7	5.3	3.98	-1.4	-2.72
理县	3.5	2.6	1.95	-0.9	-1.55
茂县	9.1	9.97	7.48	0.87	-1.62
松潘县	5.8	7.8	5.85	2	0.05

表2-3(续)

行政区域	震前人口/万人	温饱型承载力/万人	小康型承载力/万人	温饱型承载潜力/万人	小康型承载潜力/万人
九寨沟县	4.4	3.67	2.75	-0.67	-1.65
小金县	6.9	8.17	6.13	1.27	-0.77
黑水县	5.1	5.37	4.03	0.27	-1.07

(资料来源:该数据系作者根据2008年四川统计年鉴综合算得)

仅从粮食自给角度分析,地震前5个重灾地级市的33个县(市、区)中,北川、汶川、理县、九寨沟县不能达到温饱水平的粮食自给,其他29个县(市、区)都能达到温饱水平的粮食自给,33个县总承载力为1 082.48万人。温饱型承载力超载的6个县,共计超载人口3.17万人。从小康型的粮食自给而言,33个县(市、区)中,都江堰市、北川县、汶川县、九寨沟县、理县、茂县、小金县、黑水县不能实现粮食自给,其余25个县在小康粮食消费水平下,都能实现粮食自给。小康型承载力超载的8个县,共计超载人口13.45万人。

②基于土地收入人口承载力分析

计算土地资源人口承载力的分析方法有很多种,比如基于土地粮食的人口承载力分析、基于建设用地的人口承载力分析和基于土地经济收入的人口承载力分析,因为数据收集原因,本文只选用基于土地经济收入的人口承载力分析方法来计算土地资源人口承载力。由于5个重灾市的重灾县在震前总体的城镇化水平不高,农村居民是县域人口的主体。在此,以农村居民人均纯收入进行经济收入的人口承载力分析。

这5个重灾市的重灾县的农业收入主要是由耕地或以耕地为基础取得,参照彭立所写的《汶川地震灾区10县资源环境承载力研究》一文中的研究方法[1]通过这一系列的计算,可以将居民经济收入与土地资源有机联系,反映出基于土地经济收入的人口承载力。

农村居民人均纯收入考虑两个时段:一个是2010年恢复重建,农村居民人均纯收入比震前提高20%;另一个是2020年,中央提出全面建成小康社会,农村居民人均纯收入以8 000元为标准,单位耕地大农业纯收入计算期内以3%的年增长率递增。根据基于土地经济收入的人口承载力分析见表2-4:

表2-4　　　震前地震重灾区基于土地经济收入的人口承载力分析

行政区域	震前农村居民人均纯收入(元)	震前耕地面积(万公顷)	2010年计划农民人均纯收入(元)	2010年人口承载力(万人)	2020年人口承载力(万人)	2010年人口承载潜力(万人)	2020年人口承载潜力(万人)	2010年人口合理规模(万人)	2020年人口合理规模(万人)
大邑县	5 314	23 578	6 377	29.46	31.56	-2.94	-0.84	29~30	31~32

---

[1] 彭立. 汶川地震灾区10县资源环境承载力研究 [J]. 四川大学学报, 2009 (3).

表2-4(续)

行政区域	震前农村居民人均纯收入（元）	震前耕地面积（万公顷）	2010年计划农民人均纯收入（元）	2010年人口承载力（万人）	2020年人口承载力（万人）	2010年人口承载潜力（万人）	2020年人口承载潜力（万人）	2010年人口合理规模（万人）	2020年人口合理规模（万人）
都江堰市	5 536	19 450	6 643	39.94	44.57	-3.86	0.77	39~40	43~44
彭州市	5 275	34 569	6 330	49.12	52.24	-4.88	-1.76	49~50	52~53
崇州市	5 221	33 696	6 265	45.43	59.85	-4.17	10.25	45~46	59~60
旌阳区	5 030	25 245	6 036	29.33	29.74	-3.17	-2.76	29~30	29~30
中江县	3 901	69 017	4 681	115.97	91.07	-10.93	-35.83	115~116	91~92
罗江县	4 324	16 863	5 189	18.84	16.42	-1.86	-4.28	18~19	16~17
广汉市	4 019	29 713	4 823	41.46	33.59	-4.04	-11.91	41~42	33~34
什邡市	5 062	21 034	6 074	30.75	31.38	-3.05	-2.42	30~31	31~32
绵竹市	5 018	29 321	6 022	36.6	37.03	-3.5	-3.07	36~37	37~38
涪城区	5 244	13 449	6 293	18.86	19.93	-1.84	-0.77	18~19	19~20
游仙区	4 402	24 897	5 282	31.91	28.31	-2.89	-6.49	31~32	28~29
三台县	3 393	77 654	4 072	116.96	80.01	-11.21	-48.19	116~117	80~81
盐亭县	3 587	36 259	4 304	47	33.98	-4.9	-17.92	46~47.5	33~34
安县	4 247	30 622	5 096	39.25	33.6	-4.05	-9.7	39~40	33~34
梓潼县	3 729	27 798	4 475	29.31	22.03	-2.89	-10.17	29~30	22~21
北川县	2 831	10 445	3 397	12.59	7.19	-1.31	-6.71	12~13	7~8
平武县	3 065	21 421	3 678	14.77	9.12	-1.53	-7.18	14~15	9~10
江油市	4 349	38 862	5 219	57.46	50.37	-5.94	-13.03	57~58	50~51
利州区	3 402	8 091	4 082	18.01	12.35	-1.89	-7.55	18~19	12~13
元坝区	2 518	13 409	3 022	19.41	9.85	-2.09	-11.65	19~20	9~10
朝天区	2 597	15 031	3 116	17.76	9.3	-8.46	-10.3	17~18	9~10
旺苍县	2 715	17 902	3 258	37.89	17.82	2.29	-17.78	37~38	17~18
青川县	2 683	19 262	3 220	19.54	10.57	-1.76	-10.73	19~20	10~11
剑阁县	2 664	51 987	3 197	54.33	29.18	-5.67	-30.82	54~55	29~30
苍溪县	2 744	34 256	3 293	61.04	33.77	-5.76	-33.03	61~62	33~34
汶川县	2 790	3 582	3 348	6.13	3.45	-0.57	-3.25	5~6	3~4
理县	2 367	2 558	2 840	3.2	1.53	-0.3	-1.97	2~3	1~2
茂县	2 475	6 490	2 970	8.3	4.14	-0.8	-5.26	8~9	4~5
松潘县	2 642	6 910	3 170	5.3	2.82	-0.5	-2.98	5~6	2~3
九寨沟县	2 543	2 954	3 052	4.03	2.07	-0.37	-2.33	3~4	2~3
小金县	2 152	7 111	2 582	6.3	2.73	-0.6	-4.17	6~7	2~3
黑水县	1 916	6 615	2 292	4.64	1.79	-0.46	-3.31	4~5	1~2

（资料来源：四川省2008统计年鉴）

以地震前的数据计算，2010 年按人均收入恢复到灾前 120% 的标准。2010年，5 个重灾市的重灾县除了旺苍县外，都不能够满足震后人口的承载需求，5个重灾市的超载重灾县累计超载 108.19 万人。其中黑水、小金、茂县、理县四个县超载比例最大，分别达到 65%、60%、58%、56%。

以地震前的数据计算，2020 年建成全面小康社会的农村居民人均纯收入8 000 元标准。2020 年，除都江堰市、崇州市的耕地资源有少量的人口承载潜力外，其余各县的耕地资源都不能承载震后人口实现小康，5 个重灾市的重灾县累计超载 105.9 万人；其中朝天区超载比例最大，达到 43%，其余各县超载比例平均为 5%~10%。

③人口承载力的综合分析与人口合理规模

综合以上 3 种有关土地资源的人口承载力分析结果，重点考虑土地的经济收入人口承载力，以此为原则确定 33 个县（市、区）在 2010 年和 2020 年的人口合理规模（见表 2-4）。

以地震前的数据计算，2010 年按人均收入恢复到灾前 120% 标准。2010 年 33个县（市、区）的人口合理规模为 1 051.5 万~1 084.5 万人。以地震前的数据计算，2020 年按人均收入 8 000 元为标准计算。2020 年，33 个县（市、区）的人口合理规模为 837 万~870 万人。

（二）地震重灾区资源环境的基本情况

汶川地震重灾区位于四川省东北部，位于川西高原以及秦岭南端向四川盆地的过渡带上。该区气候差异较大，气温、降水和光照分布不均，该区东部山地基带气候为亚热带湿润季风气候，西部山地为干旱河谷气候。由于整个区域地势梯度变化显著，立体气候显著。另外，灾区多夜雨，降雨量由东向西逐渐递减，是暴雨、冰冻、暴雪等气象灾害及引发的地质灾害和次生灾害频发地区。伴随气候垂直地带性，龙门山植被和土壤也具有明显的垂直地带性，该区土壤侵蚀强烈、水土流失严重。灾区大面积区域位于岷江上游的干旱河谷地区，山高谷深坡陡，水土流失严重，滑坡、泥石流频发，震前的生态环境就十分脆弱。特大地震后产生了大量的山体滑坡、泥石流，自然植被破坏十分严重，加之干旱河谷严酷的自然条件使得这一区域生态环境自然恢复能力较弱。

1. 水资源

灾区处于岷江、沱江、涪江、嘉陵江上游，是这些江河重要的水源保护区。这些区域水电资源的梯级电站的开发对中国社会经济的发展有重要的推动作用。植被涵养水源、保持水土的功能大小直接影响到水电产业经济的发展，保护自然生态环境，提高植被的防护功能是促进水电产业可持续发展的基础。

（1）水资源总量

①降水量

地震重灾区 2007 年平均降水量为 830.12 毫米，折合降水总量约 1 075.419亿立方米。与 2006 年降水总量相比，增加 2.8 %。降水量在年内分配不均，主要集中于 4~10 月。其中：成都市 2007 年平均降水量 624.5 毫米，折合降水总量约 74.88 亿立方米,与 2006 年降水总量相比,减少 18.5%,与多年平均降水量相比,减少了 42.8%,降水量在年内分配不均,主要集中于 5~8 月。德阳市 2007 年平均降水量 868 毫米,折合降水总量约 52.08 亿立方米,与 2006 年总水总量相比,增加 31.2%,降水量在年内分配不均,主要集中于 7~10 月。绵阳市 2007 年平均降水量 1 044.2 毫米,折合降水总量约 208.84 亿立方米,与 2006 年降水总量相比,增加 76.26%,降水量在年内分配不均,主要集中于 7~10 月。广元市 2007 年平均降水量 895.4 毫米,折合降水总量约 143.264 亿立方米,与 2006 年降水总量相比,增加 31.9%,降水量在年内分配不均,主要集中于 6~9 月。阿坝州 2007 年平均降水量 718.5 毫米,折合降水总量约 596.355 亿立方米,与 2006 年降水总量相比,减少 13.2%,降水量在年内分配不均,主要集中于 5~7 月。

②地表水量

地表水资源量指河流、湖泊、冰川等地表水体的动态水量,用天然河川径流量表示。2007 年地震重灾区地表水资源量 628.3 亿立方米,平均径流深 646.4 毫米,比上年增加 19.3%,比常年减少 14.9%。长江流域地表水资源量 2 194.3 亿立方米,平均径流深 469.6 毫米,比上年增加 19.5%,比常年减少 14.5%;黄河流域地表水资源量 30 亿立方米,平均径流深 176.8 毫米,比上年增加 7.2%,比常年减少 36.8%。[①] 其中成都市地震前(2006 年数据)地表水资源受降水骤减影响与同期相比,减少较多,地表水资源分布与降水量分布基本对应,总趋势为西北部高,向东南递减。地表水资源总量 58.56 亿立方米,折合年径流深 472.65 毫米。德阳、广元、阿坝州地震前(2006 年数据)地表水资源比常年偏少 20%~30%,绵阳市比往年偏少量更是高达 40% 以上。

③水资源总量

水资源总量是指评价区内当地降水形成的地表、地下产水总量(不含区外来水量),由地表水资源量与地下水资源量相加,扣除两者之间互相转化的重复计算量,加上成都平原地下水潜水蒸发量而得。地震前(2005 年数据),地震重灾区水资源总量为 700 亿立方米,人均水资源量为 2 936 立方米。其中成都市水资源总量为 91.87 亿立方米,人均水资源量为 833 立方米;德阳市水资源总量为 31.21 亿立方米,人均水资源量为 816 立方米;绵阳市水资源总量为 115 亿立方米,人均水资源量为 2 167 立方米;广元市水资源总量为 71.79 亿立方米,人均水资源量为 2 159 立方米;阿坝州水资源总量为 390.12 亿立方米,人均水资源量为 45 848 立方米。

(2)供用水量

地震前(2006 年数据),地震重灾区总供水量为 90.83 亿立方米,其中成都 47.14 亿立方米、德阳 21.03 亿立方米、绵阳 16.9 亿立方米、广元 4.33 亿立方米、阿坝州 1.43 亿立方米。重灾区各地区用水量与供水量一致。

---

① 四川省水利局. 2007 年四川省水资源简报,2008(2).

2. 森林资源

四川是全国重点林区和林业发展重点省份之一。2007年，全省有林业用地2 323.16万公顷，有林地面积1 172.35万公顷，森林覆盖率31.27%，其中有林地覆盖率24.23%，活立木蓄积量14.65亿立方米。森林火灾次数452次，比2006年减少了53次，受害森林面积455.4公顷。森林病虫害发生面积79.87万公顷。四川境内林木种类繁多，既有丰富的天然林，又有茂盛的人工林。天然林主要分布在川西高原及川西南山地，占全省有林地面积的76.3%；人工林主要分布在盆周山区及盆地中部，占有林地的23.7%。

地震重灾区位于四川盆地向青藏高原的过渡地带，具有山高坡陡、河谷深切、自然类型多样、森林资源丰富的特点。区域平均森林覆盖率达45%，部分极重灾县森林覆盖率高达70%，地震灾区的自然生态系统主体是森林生态系统。它具有分布范围广、资源量大、生态功能强等显著特点，构成了长江上游绿色生态屏障，包括了亚高山暗针叶林、针阔混交林、常绿阔叶林和灌丛等众多类型。

地震重灾区中五个重灾地级市地震前的森林情况为：

成都市，森林覆盖率36.2%（崇州市42.1%），完成退耕还林384公顷。其中彭州市2007年完成林产业产值14亿元，天然林管护96万亩，成片造林15 000余亩，公益林建设0.6万亩，封山育林1万亩，育苗150亩，幼林抚育2万亩次，义务植树150万株，巩固退耕还林7.5万亩，森林覆盖率达49.9%。

德阳市，森林覆盖率38.5%，完成退耕还林933公顷，实施退耕还林后续产业建设，林下种草、种药和森林食品等开发5万亩，干果类经济林木技改1万亩。其中县级地区森林覆盖率从高到低分别是：绵竹市森林覆盖率49.52%；什邡市森林覆盖率47.4%；中江县森林覆盖率38.58%；罗江县森林覆盖率34.22%；旌阳区森林覆盖率20.80%；广汉市森林覆盖率15.12%。

绵阳市，森林覆盖率45.7%。其中县级地区森林覆盖率从高到低分别是：北川羌族自治县森林覆盖率76.8%；平武县森林覆盖率74.14%，完成退耕还林667公顷；盐亭县森林覆盖率55%；安县森林覆盖率46.8%；江油市森林覆盖率43.2%；梓潼县森林覆盖率42.8%；游仙区森林覆盖率35.5%；三台县森林覆盖率30.3%；涪城区境内森林覆盖率26.1%，主要植被为亚热带常绿针阔叶林，森林面积1.58万公顷，增0.012%，完成退耕还林667公顷。

广元市，森林覆盖率47.2%，完成退耕还林3 267公顷。其中县级地区森林覆盖率从高到低分别是：青川县森林覆盖率68.7%，2007年完成特色经济林10万亩（其中核桃3万亩、茶叶1万亩、山桐子6万亩），工业原料林11.15万亩、山珍原料林8.83万亩，植树造林总量完成30万亩，实现流转林地30万亩，建设油橄榄丰产示范园1.02万亩；朝天区森林覆盖率57.4%；旺苍县森林覆盖率55.96%；利州区森林覆盖率55.6%；剑阁县森林覆盖率50.6%；元坝区森林覆盖率49.4%；苍溪县全县共有林业用地93 490.5公顷，其中林地90 109.5公顷、疏林地306.3公顷、灌木林地1 201.6公顷、未成林造林地727.2公顷、苗圃地2公顷、无林地1 143.8公顷，全县森林覆盖率45.8%。全县活立木总蓄积

4 326 653立方米，其中林分蓄积 3 475 651 立方米、疏林地蓄积 3 756 立方米、散生木蓄积 4 258 立方米、四旁树蓄积 842 988 立方米。

阿坝州，森林覆盖率24%，完成退耕还林 666 公顷。其中县级地区森林覆盖率从高到低分别是：九寨沟县森林覆盖率73%（2005 年数据）；黑水县森林覆盖率56.23%；理县森林覆盖率42.1%；汶川县森林覆盖率38.1%；茂县森林覆盖率34.1%，完成退耕还林 2 767 公顷（2006 年数据）；小金县森林覆盖率31.81%，其中完成退耕还林333.3 公顷（2005 年数据）；松潘县林业用地40.43万公顷，有林地 22.32 万公顷、疏林地 0.19 万公顷、灌木林地 13.31 万公顷、未成林造林地 1.96 万公顷、无林地 0.64 万公顷，森林覆盖率30%。

3. 旅游资源

"5·12"汶川特大地震主要发生在龙门山断裂带，阿坝、成都、绵阳、德阳、广元 5 市州受灾严重。这些地区有林地占全省的 10.4%，森林蓄积占全省的9.5%，森林覆盖率比全省平均水平高 13%，是四川省生物多样性富集区域，同时也是大熊猫、金丝猴等珍稀野生动物栖息地、世界自然遗产地，更是四川省生态旅游资源富集区，生态景观资源丰富，拥有九寨沟、卧龙、黄龙、青城山、四姑娘山、龙池—虹口、米亚罗、白龙湖、千佛山、银厂沟冰川漂砾等一批享誉世界的生态旅游景区、世界自然遗产、风景名胜区、森林公园、地质公园。截至2007 年年底，这一区域共建立省级以上野生动植物自然保护区 31 个、森林公园29 个，分别占全省保护区和森林公园总数的 26.5%和 33.0%。其中在地震重灾区共有黄龙、九寨沟、青城山—都江堰 3 个世界级名胜，有剑门蜀道、西岭雪山、四姑娘山、光雾山—诺水河、白龙湖、龙门山 6 个国家级重点风景名胜区，有省级风景名胜区 25 处。其中，成都市有青城山—都江堰 1 个世界级名胜，有西岭雪山、龙门山 2 个国家级重点风景名胜区；德阳市有省级风景名胜区 2 处；绵阳市有省级风景名胜区 6 处；广元市有剑门蜀道、白龙湖 2 个国家级重点风景名胜区，有省级风景名胜区 3 处；阿坝州有黄龙、九寨沟 2 个世界级名胜，有四姑娘山 1 个国家级重点风景名胜区，有省级风景名胜区 6 处。

4. 矿产资源

四川省矿产资源种类比较齐全，已找到矿产 130 种，占全国总数的 70%，已探明有工业储量的矿种 89 种。有 28 种矿产储量居全国前 3 位，其中钒、钛、锂、银、硫铁矿、天然气等 11 种矿产居全国第一位（钒、钛居世界之冠）；铁、镉、溴、石棉、岩盐、熔剂石灰石、白云母等 10 种列全国第二位；锌、铍、锶、钾长石、硅藻土、铂等 7 种居全国第三位。

地震重灾区主要分布在川北地区，其中，川东北的矿产资源为锰、钡、铁、石墨、大理岩、煤；川西北为硫、磷、煤、砂金等。除阿坝州（没数据）以外，成都市、绵阳市、广元市、德阳市四个主要重灾区 2007 年底主要矿产资源保有储量为：磷矿石 13 000 万吨，天然气 280 亿立方米，石灰石 49 266 万吨，煤炭 4 252万吨，矿泉水 283 万立方米。德阳市，2007 年底主要矿产资源保有储量：磷矿石 13 000 万吨，天然气 280 亿立方米，石灰石 49 266 万吨，煤炭 4 252 万吨，矿泉水283万立方米。

广元市朝天区境内现有各类矿产30多种，"东有煤，西有金"布满川北大地，已探明的矿产主要是黄金，其中砂金总储量约为8吨，岩金总储量约3吨。煤炭，总储量为200万吨。黑墨玉，硬度为4.5~5.5，总储量50万立方米。生物碎屑灰岩，总储量为20万立方米。多金属矿，分布于大滩镇境内，主要含有铅、锌、铜、金等，总储量8.7万吨。

阿坝州小金县境内既有普遍的黑色金属矿藏，更有多样有色金属（其中包含贵重金属和稀有金属），还有非金属类矿藏。黑色金属以铁矿为主，有色金属有含金多金属矿，所以小金、金川，自古便以采掘金矿闻名于世。伴生有色金属有铜、铅、锌、锑、银、镉、铟等，含锡、钼多金属矿等。另有丰富的砂金矿。非金属矿类主要有牛园子和大火地的以毒砂为主的中型砷矿；阿斯隆沟的石棉矿；牛心沟的钾长石矿；双桥沟可做水泥、冶金辅料和化工电石的石灰岩矿；潘安和仁寿果坪的储量丰富的硅石矿。

5. 道路资源

随着经济的发展和西部大开发国策的实施，西部经济得到了迅速发展，道路交通也有了巨大变化，地震前的地震重灾区交通现代化逐渐形成，公路里程不断增加。其中，2007年成都市重灾区公路总里程4 927公里，其中等级公路4 224公里，同比2006年分别增加了0.55%和57.5%；2007年德阳市重灾区公路总里程7 144公里，其中等级公路5 311公里，同比2006年分别增加了2.4%和6.6%；2007年绵阳市重灾区公路总里程11 025公里，其中等级公路5 898公里，同比2006年分别增加了-0.55%和10.5%；2007年广元市重灾区公路总里程10 419公里，其中等级公路2 609公里，同比2006年分别增加了0.55%和57.5%；2007年阿坝州重灾区公路总里程4 927公里，其中等级公路4 224公里，同比2006年分别增加了41.4%和-3.6%。

四、地震后的生态环境受破坏状况

"5·12"汶川地震发生后，由于重灾区植被受损严重，局部区域生态服务功能退化显著；自然保护区基础设施受损，大熊猫、川金丝猴、羚牛等关键物种个体伤亡、栖息地遭受破坏；灾区山地水土流失加剧，不仅强度增加，而且流失面积显著增大；龙门山地形复杂，地震引发的滑坡等次生地质灾害世界罕见，其范围广、程度深、危害大、持续时间长；同时由次生地质灾害引起的数量众多的堰塞湖，不仅使水生态系统受损，而且对下游群众的生命财产安全造成了极大的威胁。

（一）地震重灾区生态环境的破坏情况

1. 生态质量

汶川地震重灾区的生态系统遭受严重毁损。森林、草地、农田、河流等生态系统严重受损，珍稀动物栖息地破碎化、珍稀动植物死伤严重、原生植被遭到破坏。主要生态功能、水土保持功能受到极大破坏，野生动物生境也遭到严重破坏，水源涵养功能下降；汶川地震灾区在震前即是地质灾害高度危险区，地震加剧了山地灾害的孕育和发生，带来了大面积的滑坡、泥石流和塌方等次生灾害。地质活动与山地表面生态发育过程综合驱动给地震重灾区的生态环境带来严重影响。如汶川县，其生物丰度指数由灾前的 9 219 降至灾后的 8 012，降低幅度为 13.17%；植被覆盖指数由 9 011 降至 7 810，降低幅度为 13.15%；土地退化指数由 1 518 升至 3 117，上升幅度为 100.11%，反映震后短时间内汶川县土地退化加剧。生物丰度、植被覆盖和土地退化情况均显著变差；生态环境状况指数由灾前的 8 417 降至灾后的 7 416，降低幅度为 11.18%，生态环境质量显著变差，由震前的"优"降为震后的"良"。[①] 分析发现，这一退化过程为不同突变（地震或地质灾害事件）过程在具体区域的叠加整合，突变强度不一，并受余震强度与山地自然条件左右。重灾区生态破坏主要表现在如下几个方面：

（1）耕地面积锐减

根据四川省国土资源厅数据，汶川大地震受灾面积达 10 万平方公里，四川地震灾区遭破坏耕地达 5.833 万公顷，其中不可复垦耕地 1.1 万公顷。在国家民政部公布的 8 个市州 39 个重灾县中，37 个县（市、区）农田不同程度损毁，损毁农田 153.4 万亩，占全省受灾农田的 90.88%，其中旱地损毁 104.8 万亩，占损毁耕地的 68.32%，水田损毁 48.6 万亩，占损毁耕地的 31.68%。耕地损毁面积 10 万亩以上的有北川、平武、江油、汶川、青川、绵竹、三台 7 个县（市），共损毁 86.96 万亩，其中平武县损毁面积 17.5 万亩，占该县耕地总面积的 54.47%。

此次地震损毁的 168.8 万亩农田中，因山体滑坡、垮塌、覆盖等丧失耕地 14.26 万亩，占损毁总量的 8.45%；重度损毁 34.56 万亩，占损毁总量的 20.47%；中度损毁 46.14 万亩，占损毁总量的 27.34%；轻度损毁 73.84 万亩，占损毁总量的 43.74%。其中耕地灭失和严重损毁集中的北川、汶川、青川、绵竹、平武、江油等 12 个县（市），面积 42.14 万亩，占该区耕地面积的 9.4%。北川县此次耕地损毁面积 13 万亩，占全县耕地面积的 82.96%，其中仅耕地灭失面积就达到 5 万亩，占该县耕地面积的 31.9%，人均减少耕地面积 0.32 亩。汶川县耕地损毁面积 10.1 万亩，占全县耕地面积的 95%，其中灭失耕地 2.2 万亩，严重损毁 3.8 万亩，两项占到耕地损毁面积的 62%。

除地震直接造成的耕地减少外，地震灾后重建将占用大量耕地。灾区耕地锐减，给粮食自给带来更为严重的隐患。据四川省国土资源厅灾后重建规划建设用地规模测算，全省地震灾害恢复重建共需用地 280.8 万亩。按占用耕地 20%估算，灾后重建需占用耕地 56 万亩左右，也就意味着灾区 83.58 万农民将可能无地可种，成为失地农民（按 2006 年全省人均耕地面积 0.67 亩计）。

---

① 张秋劲，徐亮，周春兰，等．"5·12"汶川地震灾区典型区域生态环境状况影响评价［J］．四川环境，2009（5）：96-99.

（2）重灾区山地水土流失加剧，流失面积显著增大

地震及其次生灾害造成地表植被的破坏使植物的涵养土壤水分的功能大大降低，增加了地表土壤被侵蚀的面积，加剧了水土流失和土壤退化；尤其是大面积的森林被毁，将直接导致研究区涵养水源能力的降低，据统计该地区每损失 1 公顷林地就要减少 1.15 立方米的水源涵养能力。这就易于山洪的形成，对居民的财产安全是一个严重的威胁。

据水利部公布的"5·12"地震重灾区水土流失数据，震后四川 139 个受灾县水土流失面积 14.92 万平方公里，较震前的 13.44 万平方公里增加了 1.48 万平方公里，增加幅度为 11.01%，其中 39 个重灾县新增水土流失面积 1.24 万平方公里，占全省新增水土流失面积 83.78%。① 从表 2-5 可以看出，受地震影响四川省 39 个重灾区水土流失面积加大，严重程度增加。

表 2-5　　　　　　　四川省重灾区震后水土流失变化情况统计　　　单位：万平方公里

受灾县（市、区）	项目	土地面积	各级强度水土流失面积						
			合计		轻度	中度	强度	极强度	剧烈
			面积	比例（%）					
39 个重灾县	震前	9.82	4.39	44.70	1.43	1.94	0.80	0.16	0.06
	震后		5.63	57.33	1.13	2.34	1.20	0.48	0.48
	较震前变化		1.24	12.63	-0.3	0.4	0.40	0.32	0.42

（3）灾区植被受损严重，局部区域生态服务功能退化显著

生态系统内物种的种类和数量决定了生态系统的稳定性，地表植被的破坏直接减少了研究区植物的数量，改变了其生态系统的组成。植物数量的减少和种类的单一化造成了生态系统的不稳定，使地震重灾区整体生态系统更加脆弱和不稳定。例如由于地震次生灾害泥石流的发生具有突然性、流速快以及破坏力强等特点，这就使其对生态的危害更为严重。泥石混合物可以冲毁并掩埋流经区域的地表植被，其生态系统因此而遭受严重的破坏，不容易完全恢复。其发生时大量的泥石混合物从高处流下，地表土壤层在泥石的冲击下被带到下游，地表植被也就不复存在。泥石流在流动过程中夹带了大量的碎石，在其流经的区域，地表基本被碎石所替代，其地表环境不利于植被的形成和生长。在泥石流发生后一段时间，其植被种类单一，密度也较为稀疏，并且此植被也会因泥石流的再次发生而被破坏掉，因此其区域植被难以自然恢复，使得该区域的生态服务功能退化显著。

汶川地震共损毁重灾区林地面积 493 万亩、林木种苗基地 2.4 万亩、草地253.7 万亩、水土保持坡改梯 15 万亩、活立木蓄积 1 958.25 万立方米以及大量生态建设基础设施。全省森林覆盖率下降为 30.79%，生态直接经济损失 263.5

---

① 赵芹. 汶川特大地震对四川水土流失的影响及其经济损失评估［J］. 中国水土保持，2009（3）.

亿元，灾区森林覆盖率由灾前的 44.151% 下降到 42.164%，下降 1.987 个百分点，森林蓄积损失 1 958 万立方米。根据初步统计，仅成都、德阳、绵阳、阿坝、广元、雅安 6 市州林地严重退化面积就达 29.8 万公顷，占区域面积的 2.98%；地震灾害对灾区草地生态系统造成了严重破坏，损毁天然草原、人工草地、围栏草地、草种基地约 18 万公顷，尤其是 25 度以上坡地的牧草基地破坏严重。草地生产力降低，草地生态功能受损。一些处于地震核心区的县，如北川、青川等，森林覆盖率损失面积都在 20% 以上。受大型地质灾害驱动的严重退化地段短期内植被将无法有效恢复重建。此外，农业生态系统受损严重，主要分布于灾区的西部和北部山区，如北川、汶川、青川以及平武南部。农田的破坏加剧了原本人地矛盾就比较突出的山区农业发展与灾后生产恢复的困难性，使生态保护与经济发展的矛盾变得更加突出。①

（4）土壤退化与耕地质量下降在局部区域比较明显

①土壤退化

地震对重灾区土壤环境质量造成了一定影响。地震造成的工矿企业污染物外泄、垃圾处理系统瘫痪等因素在不同程度上对灾区土壤造成污染。地震后，灾区产生了大量的建筑垃圾和生活垃圾，这些垃圾在山体滑坡、泥石流、泄洪的作用下，散布于灾区的绝大部分地区，而且呈无规则分布；这些建筑垃圾，掩埋了农田、农作物，破坏了饮用水、灌溉水源；这些建筑垃圾可能含有许许多多化学污染物，含有许多重金属元素，含有其他说不清污染成分的元素；这些垃圾进入农田，可能造成大面积的土壤污染，被农作物吸收，产生大量不能食用的、不安全的初级农产品。

四川省土壤肥料测试中心在地震重灾区成都市的彭州，德阳市什邡、绵竹采集土壤样品 13 个。土壤中重金属含量最高的是镉，超标率达到 29.24%。与震前对应的土壤监测数据比较，仅彭州市军乐镇的三个监测数据与地震前一致；其他九个监测点土壤镉的含量均有不同程度的增加，特别是地震之后在什邡市和绵竹监测的土壤中的镉达到了震前的 2 倍多。另外在什邡市师古镇思源村地下喷出物中镉含量达到 0.97mg/kg，超标 3.2 倍，说明地下深层喷出物对土壤环境有较严重的污染。

②耕地质量下降

灾区的农田大多在河谷区域或山体中下部的坡地上，强烈地震诱发的滑坡、山崩、泥石流等灾害，使其很容易被冲毁，造成耕地的大量损失，表层土严重流失，农田土壤质量遭到破坏，加剧了土壤侵蚀的潜在风险。生态的破坏加剧了一些因地震影响而破裂和裸露的耕地的退化和水土流失，在未来其将严重影响土壤的质量和土壤生态系统的稳定和恢复。

地震重灾区耕地质量下降。一方面，损毁耕地受山体滑坡、地埂垮塌、地面开裂冒沙的影响，部分农田表土覆盖严重，一些耕地被新土覆盖，其土壤营养成

---

① 包维楷. 汶川地震重灾区生态退化及其恢复重建对策 [J]. 科技赈灾，2008（4）：324-329.

分含量不足、质量不佳会影响到耕地以后的生产力。农田中泥石、沙砾较多，耕层土壤结构破坏，耕地质量大幅下降。此次地震灾害共造成全省近 10 万口山平塘等农田水利工程损毁，有近 20 万亩坡耕地的地埂及地面出现开裂、凸出，如遇强降雨极有可能引发大面积垮塌，次生灾害隐患严重。另一方面，修建过渡安置房、搭设帐篷，均占用地势开阔的耕地，而这些耕地是灾区最肥沃、质量最好的耕地。如什邡市红白乡木瓜坪村沿河最好的 200 多亩耕地，这次全部搭建了活动板房，至少在 3~5 年内无法耕种，剩下的全部是在半山坡开垦出来的坡耕地。

（5）生物链阻断和生态功能退化

汶川地震造成的山体滑坡和森林植被损毁，形成了局部"孤岛"和隔离屏障，仅大熊猫等珍稀野生动物栖息地受损就达 180 万亩。大熊猫、金丝猴、琪桐、红杉等 10 种国家一级保护动物、23 种国家二级保护动物和 30 多万株珍惜濒危树种的种群和数量有所减少。地震灾害直接造成野生动植物的重大伤亡，生物链结构改变，有的物种面临灭绝的危险。大熊猫栖息地因灾毁坏，食物链受损，威胁到大熊猫食物安全和健康；同时，灾害形成的崩塌、滑坡、泥石流、堰塞湖等导致区域生态系统的连通性显著降低，加剧了大熊猫等珍稀动物栖息地的隔离，局部被隔离的种群由于不能进行有效基因交流，形成"生殖孤岛"。大量被毁林木、死亡生物残留在森林中，为有害生物提供了大量的生存能量，增加了森林病虫害发生的几率，也为外来有害生物入侵创造了有利条件。地震活动及地质灾害破坏河床与河岸带植被，影响水流量及流速，重塑河道形态，改变水环境与河流生态系统结构，一定程度上恶化了区域水质，引发饮用水危机，并且还加剧中下游河流、水库的富营养化过程，削弱水体环境容量，水生生物种类组成及其种群结构、栖息地、繁育与饵料场等均受到重大影响，使河流生态系统功能严重退化。一些河流水生特有物种的种群数量可能大量减少，部分珍稀保护鱼类在灾区有灭绝危险。灾后大量的牲口与家禽死亡后尸体腐烂以及用于灾区疫情控制的数千吨消毒剂、杀虫剂、灭菌剂等在短时间内集中使用，流入水体或随雨水最终进入河流水体，扰动河流水质，对生物多样性构成威胁。另外，大量岩石、土壤、泥沙、植物残体、灾民安置点来不及处理的生活垃圾和污水进入水体，也加剧河流污染，直接威胁灾区河流生态安全和居民饮用水安全。地震灾区大量破碎松动的山地风化壳层，使森林涵养水源、保持水土的功能大幅下降。据测算，由于该区域植被损毁，每年森林植被蓄水能力减少 320 614 万立方米，土壤流失 12 418 万吨。地震灾区森林生态系统稳定性下降，严重威胁着长江中下游地区的生态安全。[①] 与地震前相比，森林植被景观斑块破碎化程度显著，植被景观退化及其空间格局演变带来比较明显的生态退化以及区域生态系统服务功能衰退。

---

① 孙颖，刘群英. 四川地震灾区生态恢复重建问题及对策分析［J］. 中共乐山市委党校学报，2009（1）：36-37.

2. 地震后重灾区承载力分析

（1）基于土地粮食人口承载力分析

与计算地震前重灾区的土地粮食人口承载力的方法一样，地震后重灾区基于土地粮食人口承载力分析还是用温饱型和小康型两种标准计算。重灾区地震后的土地粮食人口承载力如表2-6所示：

表2-6　　　　震后地震重灾区基于土地粮食人口承载力分析

行政区域	震后人口/万人	温饱型承载力/万人	小康型承载力/万人	温饱型承载潜力/万人	小康型承载潜力/万人
大邑县	32.4	71.6	53.7	39.2	21.3
都江堰市	44.3	53	39.75	8.7	−4.55
彭州市	54.4	84.57	63.43	30.17	9.03
崇州市	49.6	107.67	80.75	58.07	31.15
旌阳区	31.7	81.47	61.1	49.77	29.4
中江县	126.6	261.67	196.25	135.07	69.65
罗江县	20.6	45.13	33.85	24.53	13.25
广汉市	44	104.8	78.6	60.8	34.6
什邡市	33.8	58.8	44.1	25	10.3
绵竹市	39.9	86.1	64.58	46.2	24.68
涪城区	20.8	33.33	25	12.53	4.2
游仙区	35.2	−	−	−	−
三台县	128.2	257.23	192.93	129.03	64.73
盐亭县	51.9	101	75.75	49.1	23.85
安县	43.4	80.67	60.5	37.27	17.1
梓潼县	32.3	−	−	−	−
北川县	13.5	−	−	−	−
平武县	16.1	−	−	−	−
江油市	63.6	100.03	75.03	36.43	11.43
利州区	19.9	28.63	21.47	8.73	1.57
元坝区	21.7	44.67	33.5	22.97	11.8
朝天区	19.5	31	23.25	11.5	3.75
旺苍县	35.8	57.76	43.32	21.96	7.52
青川县	21	27.02	20.27	6.02	−0.73
剑阁县	60.6	138.56	103.92	77.96	43.32

表2-6(续)

行政区域	震后人口 /万人	温饱型承载力 /万人	小康型承载力 /万人	温饱型承载潜力 /万人	小康型承载潜力 /万人
苍溪县	67.5	132	99	64.5	31.5
汶川县	6.7	–	–	–	–
理县	3.6	–	–	–	–
茂县	8.9	–	–	–	–
松潘县	5.9	7.29	5.47	1.39	−0.43
九寨沟县	4.5	3.33	2.5	−1.17	−2
小金县	6.9	–	–	–	–
黑水县	5.1	5.33	4	0.23	−1.1

(资料来源:《2008年四川省农村年鉴》,中国统计信息网)

仅从粮食自给角度分析,地震后5个重灾地级市的33个县(市、区)中(减去缺少数据的几个县),九寨沟县不能达到温饱水平的粮食自给,超载人数为1.17万人,较地震前的人口超载人数多了0.5万人,其他县(市、区)都能达到温饱水平的粮食自给,5个重灾地级市的33个县(市、区)中(缺少数据的县除外),温饱水平的人口总承载力为955.96万人。从小康型的粮食自给而言,33个县(市、区)中(缺少数据的县除外),都江堰市、青川市、松潘县、九寨沟县、黑水县不能实现粮食自给,人口超载总人数为8.81万人。值得注意的是青川县、松潘县在大地震前都是人口非超载县,在大地震后变成了人口超载县,人口承载力下降很多,分别下降了6.46万人和0.38万人。

(2)基于土地收入人口承载力分析

与计算地震前基于土地收入人口承载力分析方法一样,选用基于土地经济收入的人口承载力分析方法来计算震后重灾区土地资源人口承载力。

农村居民人均纯收入的计算,依然采用地震前基于土地收入人口承载力所考虑的两个时段:一个是2010年恢复重建,农村居民人均纯收入比震前提高20%;另一个是2020年,中央提出全面建成小康社会,农村居民人均纯收入以8 000元为标准,单位耕地大农业纯收入计算期内以3%的年增长率递增。地震后重灾区基于土地经济收入的人口承载力分析见表2-7:

表2-7 **震后地震重灾区基于土地经济收入的人口承载力分析**

行政区域	震后农村居民人均纯收入(元)	震后耕地面积(公顷)	2010年计划农民人均纯收入(元)	2010年人口承载力(万人)	2020年人口承载力(万人)	2010年人口承载潜力(万人)	2020年人口承载潜力(万人)	2010年人口合理规模(万人)	2020年人口合理规模(万人)
大邑县	6 095	22 842	6 377	32.86	35.2	0.46	2.8	33~34	35~36
都江堰市	5 400	19 028	6 643	38.2	42.63	−6.1	−1.67	38~39	42~43

表2-7(续)

行政区域	震后农村居民人均纯收入(元)	震后耕地面积(公顷)	2010年计划农民人均纯收入(元)	2010年人口承载力(万人)	2020年人口承载力(万人)	2010年人口承载潜力(万人)	2020年人口承载潜力(万人)	2010年人口合理规模(万人)	2020年人口合理规模(万人)
彭州市	5 231	33 599	6 330	47.69	50.72	-6.71	-3.68	47~48	51~52
崇州市	5 970	32 786	6 265	50.14	52.78	0.54	3.18	50~51	52~53
旌阳区	5 912	24 802	6 036	32.94	33.4	1.24	1.7	32~33	33~34
中江县	4 537	68 894	4 681	130.19	102.38	3.59	-24.22	130~131	102~103
罗江县	4 683	16 863	5 189	19.72	17.19	-0.88	-3.41	19~20	17~18
广汉市	5 570	29 513	4 823	53.91	43.69	9.91	-0.32	53~54	43~44
什邡市	5 822	20 441	6 074	34.37	35.07	0.57	1.27	34~35	35~36
绵竹市	4 493	28 187	6 022	31.58	31.95	-8.32	-7.95	31~32	31~32
涪城区	6 193	13 525	6 293	21.72	22.96	0.92	2.16	21~22	22~23
游仙区	5 256	25 185	5 282	37.16	32.97	1.96	-2.23	37~38	32~33
三台县	3 873	79 173	4 072	129.36	88.49	1.16	-39.71	129~130	88~89
盐亭县	4 387	36 407	4 304	56.13	40.58	4.23	-11.32	56~57	40~41
安县	4 969	29 567	5 096	44.9	38.44	1.5	-4.96	44~45	38~39
梓潼县	4 129	28 069	4 475	31.62	23.77	-0.68	-8.53	31~32	23~24
北川县	–	9 054	3 397	–	–	–	–	–	–
平武县	3 269	21 070	3 678	15.18	9.38	-0.92	-6.72	15~16	9~10
江油市	4 869	38 773	5 219	62.94	55.19	-0.66	-8.41	55~56	55~56
利州区	3 801	8 056	4 082	19.66	13.48	-0.24	-6.42	19~20	13~14
元坝区	3 155	14 941	3 022	24.04	12.2	2.34	-9.5	12~13	12~13
朝天区	2 849	15 158	3 116	18.92	9.9	-0.58	-9.6	9~10	9~10
旺苍县	2 897	18 517	3 258	33.77	18.48	-2.03	-17.32	18~19	18~19
青川县	3 056	19 553	3 220	21.14	11.44	0.14	-9.56	11~12	11~12
剑阁县	3 079	52 679	3 197	61.91	33.25	1.31	-27.35	33~34	33~34
苍溪县	3 150	35 438	3 293	68.51	37.9	1.01	-29.6	68~69	33~34
汶川县	2 100	3 261	3 348	4.46	2.51	-2.24	-4.19	4~5	2~3
理县	2 385	2 543	2 840	3.21	1.53	-0.39	-2.07	3~4	1~2
茂县	2 417	6 405	2 970	7.68	3.83	-1.22	-5.07	7~8	3~4
松潘县	2 647	8 662	3 170	5.23	2.78	-0.67	-3.12	5~6	2~3
九寨沟县	2 492	3 803	3 052	3.9	2	-0.6	-2.5	3~4	2~3
小金县	2 161	8 332	2 582	6.13	2.66	-0.77	-4.24	6~7	2~3
黑水县	1 998	6 543	2 292	4.72	1.82	-0.38	-3.28	4~5	1~2

(资料来源:四川省2009统计年鉴)

以地震后的农民人均收入数据为标准,假设2010年按人均收入恢复到灾前

120%。2010 年，5 个重灾市的重灾县总承载人口为 1 153.89 万人，同比地震前 1 070.89 万人增加 83 万人；5 个重灾市的重灾县中大邑县、中江县、旌阳区、崇州市、广汉市、什邡市、涪城区、游仙区、三台县、盐亭县、安县、元坝区、青川县、剑阁县 14 个县（市、区）能够满足震后人口的承载需求；5 个重灾市超载的重灾县（市、区）累计超载 33.39 万人，同比地震前减少了 74.8 万人；超载县（市、区）的个数由地震前的 1 个增加到地震后的 14 个；在地震后有 15 个县（市、区）的人口承载力呈上升趋势，其中中江县、三台县、盐亭县、苍溪县人口承载力都增加了 7 万人以上；在地震后有 14 个县（市、区）的人口承载力呈下降趋，其中朝天区、广汉市、旺苍县、青川县、剑阁县人口承载力都下降了 8 万人以上，旺苍县和剑阁县人口承载力下降人数甚至高达 20 万人以上。

以地震后的农民人均收入数据为标准，假设 2020 年建成全面小康社会的农村居民人均纯收入为 8 000 元。2020 年，5 个重灾市的重灾县（市、区）总承载人口为 910.56 万人，同比地震前 853.36 万人增加 57.2 万人；5 个重灾市的重灾县（市、区）中除大邑县、崇州市、旌阳区、什邡市、涪城区有少量的人口承载潜力外，其余各县（市、区）的耕地资源都不能承载震后人口实现小康，5 个重灾市的超载重灾县（市、区）累计超载 256.95 万人，同比地震前多出了 151.05 万人；土地资源自给县（市、区）由地震前的 2 个增加到地震后的 5 个；在地震后有 19 个县（市、区）的人口承载力呈上升趋势，其中中江县、三台县、盐亭县、广汉市人口承载力都增加了 7 万人以上；在地震后有 13 个县（市、区）的人口承载力呈下降趋势，其中崇州市、绵竹市人口承载力都下降了 6 万人以上。

（3）人口承载力的综合分析与人口合理规模

综合以上两种有关土地资源的人口承载力分析结果，重点考虑土地的经济收入人口承载力，以此为原则确定 33 个县（市、区）（无数据的区县除外）在 2010 年和 2020 年的人口合理规模（见表 2-7）。

以地震前的数据计算，2010 年按人均收入恢复到灾前 120% 标准，33 个县（市、区）的人口合理规模为 1 153 万~1 154 万人；以地震前的数据计算，2020 年按人均收入 8 000 元计算，33 个县（市、区）的人口合理规模为 910 万~911 万人。

（二）地震重灾区资源环境的破坏情况

以下主要分析地震对重灾区生态环境的破坏情况，包括森林植被破坏损失、生态旅游景区损失、动植物栖息地破坏、区域生态功能下降、次生地质灾害及隐患、水环境安全隐患等方面。

1. 森林植被损失

森林在维持生态平衡、加强水土保持、提供动物栖息地、减缓灾害损失、促进生态修复等方面都有重要作用，汶川地震给森林及林产业带来巨大损失，应重视森林灾害损失评价，加强森林修复及林业灾后重建。

（1）森林资源损失严重

地震灾区是岷江、沱江、嘉陵江、涪江的发源地、重要的水源涵养地和水土保持区，是长江上游生态屏障的重要组成部分。主震区邛崃、岷山和秦岭山系，是我国森林资源的主要分布区之一。此次地震造成的山体滑坡、泥石流、堰塞湖等次生灾害，对林木、林地破坏严重，局部地区森林覆盖率下降，森林生态功能衰弱。据统计，汶川地震造成四川省林业系统的直接经济损失达到230亿元人民币，造成四川省林地损失493万亩，导致全省森林覆盖率由30.7%下降为30.2%，下降了0.5个百分点。其中45个林业重灾县（市、区）森林覆盖率由震前44.51%下降为42.64%，下降了1.87个百分点（绵阳市森林覆盖率直接下降2.05个百分点）。该区域林业系统的严重受损给长江上游生态安全和整个流域经济社会可持续发展带来巨大隐患。[①]

（2）林业产业遭受重创

林业受灾地区多属贫困山区，广元市青川县是我省林业大县，农民从林业上获得的纯收入占总收入的60%以上。地震造成林业产业基地大面积被毁，林产企业受损严重，林农增收难度增大。绵阳市60家林业企业全部受损，其中全毁5户。尤其是国有林场和生态旅游损失极大，国营彭州林场、崇州林场、绵竹林场等大型林场严重损毁。什邡市国有林场50年积累化为废墟，原本隆重的五十年场庆瞬间变为沉痛的追思。成都银厂沟森林公园、绵阳千佛山国家森林公园地形地貌改变，森林景观旅游资源不复存在。

（3）生态建设"两大工程"受重创

地震使灾区林业"两大工程"遭受重大损失。据统计，地震使45个林业重灾县（市、区）公益林受灾24.78万亩，按照国家公益林建设投资标准，直接经济损失2111.2万元；退耕还林地损失23.92万亩，根据国家退耕还林工程投资标准和实施年度计算，直接经济损失20412万元；森林活立木蓄积损失2098.63万立方米，占区域森林活立木蓄积总量的3.6%，林木储备价值损失83.95亿元。

2. 生态旅游景区损失惨重

汶川地震重灾区不少地区灾前都是自然生态保护区。在汶川辖区内，有著名的三江生态旅游区，可以让你领略大自然最美丽的风光；有历经千年不倒的羌寨，可以追溯世界上最古老的羌文化和绚丽的羌族刺绣；还有卧龙自然保护区，栖息着我们的国宝熊猫。在灾难中，我们失去了这些曾经美丽的自然风景、历史古迹、人情风貌，如阿坝州、青城山、四姑娘山、都江堰、羌族古寨。全世界面积最大的大熊猫自然保护区——甘肃白水江国家级自然保护区也受到了极大破坏，地震引发的山体滑坡，造成乱石滚动、尘土弥漫、树木斜倒，自然保护区生态系统遭受致命摧残，白水江国家级自然保护区就造成多只大熊猫生死不明，该地区原本完整的生物链中断，生态系统遭到严重破坏，生物多样性遭受严重创伤。银厂沟、九龙沟、三江、青城山等地是城镇居民的传统消夏避暑之地，不仅

---

① 四川省林业厅. 汶川特大地震灾害林业损失专项评估报告［R］. 2008.

房屋受损，部分景点不复存在，景区植被也遭到严重破坏。本次汶川大地震，对重灾区生态旅游资源造成了一定破坏。据省林业厅旅游中心不完全统计，目前此次地震共造成阿坝、成都、绵阳、德阳、广元、雅安等地区的生态旅游景区经济损失 339 612.05 万元，分别为：阿坝 80 450.09 万元、成都 8 227.04 万元、绵阳181 743.58 万元、德阳 21 084.4 万元、广元 46 442.2 万元、雅安 1 664.74万元。①

汶川地震的主震区，是四川省生态旅游资源异常丰富的地区，是全省重要的生态景观区。特别是阿坝州，拥有九寨沟、黄龙、卧龙等一批享誉世界的生态旅游景区。截至 2007 年年底，该区域共建立省级以上野生动植物自然保护区 36个、森林公园 29 个。该区域还是四川省林区依托林业生态资源发展乡村生态旅游较快的地区。地震后，5%~8%的地表被严重破坏，植被景观斑块明显减少，而裸露景观斑块明显增多；地震发生后，全省的生态旅游景区景点遭到不同程度的破坏，生态景观受损严重，卧龙、青川唐家河等房屋大面积受损，由于山体塌方，景区道路损毁严重，通往这些景区的道路断裂受阻；彭州白水河、都江堰龙溪—虹口、绵竹云湖、北川小寨子沟及猿王洞、安县千佛山等生态旅游景区几乎遭到毁灭性破坏②；城镇村庄聚落为中心的乡村田园景观也受到明显破坏，一些自然保护区如卧龙、白水河、龙溪、虹口的珍稀濒危物种关键栖息地也严重受损。景观质量退化是地震及地质灾害综合作用的结果。

3. 动植物栖息地和生长地破坏严重

地震灾区地处我国岷山—邛崃山生物多样性保护关键地区，生物多样性丰富，既是我国大熊猫、小熊猫、牛羚、川金丝猴、白腰雨燕等珍稀濒危动物的主要栖息地，又是珙桐、水杉、银杏等植物活化石的主要生长地。③ 地震导致生态的破坏使一些野生动物的生境遭到破坏，地表植物的破坏也直接影响着其生存条件。特别是一些珍贵动物生境的破坏给这些野生动物的保护带来了严峻的考验。例如，大熊猫在地震的影响下丧失了其原有的生境，这就将增加其生境的隔离，使得原来就已经严重破碎化的大熊猫生境雪上加霜，局部被隔离的种群也会由于地域空间的限制而不能交流，大熊猫将面临更严重的生存威胁。有些动物会因其栖息地被破坏而产生对新环境的不适应，面临死亡的危险；除此之外，生境的改变造成了区域内野生动物生活的不适应，有的区域甚至动物的行为也发生了改变，对其生长和繁衍造成了一定的影响。一些植物的生长也会因土壤的改变而受到严重的影响。大量堰塞湖的形成阻断了河道，严重缩小了水生生物的生存空间，阻碍了水生生物种群的交流，使水生生物种群的生存繁衍受到威胁。④

在地震的影响下，一方面动植物的死亡直接使其数量和种类急剧减少，种群

① 徐洁莹，张胜开. 四川省生态旅游资源受损超 33 亿 [N/OL]. 四川在线-华西都市报，2008-07-25.

② 戴柏阳. 生态旅游恢复重建是地震灾后重建的重要任务 [Z]. 2009-04-27.

③ 崔书红. 汶川地震生态环境影响及对策 [J]. 环境保护，2008 (7)：37-38.

④ 郑霖. 四川生态环境建设难点与重点分析 [J]. 国土经济，2002 (6)：16-18.

34

数量的减少增加了生态系统的不稳定性，对其生物多样性的发展造成了潜在的威胁。另一方面研究区生态系统内的食物链因一些生物的死亡而中断，使整个生态系统内的生物面临更大的生存威胁。这就加剧了物种的减少，增加了生态环境的不稳定性，对于生物多样性的发展造成不利影响。据四川省林业厅统计，此次地震造成全省 31 个自然保护区（其中以大熊猫为重点保护对象的保护区 19 个，损毁大熊猫栖息地 180 万亩，占栖息地面积的 3.8%）、29 个森林公园（其中国家级 15 个、省级 14 个）受灾，受灾数量分别占全省保护区和森林公园总数的 26.5% 和 33.%。

4. 区域生态功能下降

受灾区域内生态系统类型多样，动植物资源丰富。根据全国生态功能区划，地震重灾区涉及 6 个生态亚区，这一区域的主导生态功能包括水源涵养、水土保持、生物多样性保护、农林产品提供以及人居保障等功能。地震灾区植被类型主要为常绿阔叶林、常绿与落叶混交林和针叶与阔叶混交林，覆盖率一般达 50%，有的高达 70% 以上，是长江上游水源林涵养区，是岷江、涪江、嘉陵江、白龙江的主要水源区，不仅关系到川西平原乃至整个四川盆地数千万人的生产和生活用水安全，还对长江中、下游的生态用水具有重要影响。据估计，该地区生态系统生态服务价值占 8 成，经济价值仅占 2 成，其生态保护的意义极其重要。

5. 次生地质灾害不断

地震灾区位于我国南北地震带上、青藏高原与四川盆地之间、沿横断山脉东缘、由东北向西南延伸长约 500 公里宽约 70 公里的地震断裂带，区域内地质构造复杂，地质结构不稳，坡陡，沟深，多峡谷。本次地震诱发的山体滑坡、崩塌、泥石流等摧毁民居、道路，堵塞河道，造成了严重的次生地质灾害。据典型区初步调查，在四川盆地北部山区造成了大范围的崩塌滑坡，在总面积超过 3 万平方公里的地震中心区，地表崩塌滑坡产生的剥离面积高达 15% 以上，并在各级河流中形成了多达 34 个不同规模的滑坡堰塞坝。地震诱发的次生灾害还体现在其他方面，例如地震造成什邡市的化工厂倒塌，大量液氨泄漏。从数量上看，138 公里的岷江主河道两侧滚石难以计数，崩塌、滑坡（北川县的一处滑坡就达几万平方米）、泥石流共 209 处，其中崩塌 109 处、滑坡 98 处。滑坡、崩塌在地震重灾区的山区河道形成了 132 个堰塞湖（仅安县茶坪河上游肖家桥段约 10 公里长河道内，就形成 8 个堰塞湖），湖区面积达 5.67 平方公里，四川省有 34 个具有危险性。对下游人民群众生命财产安全和各种设施的安全，构成极大威胁。①

6. 水环境安全隐患严重

地震后，地震重灾区的水环境受到严重威胁。一方面是由于灾后防疫工作大量使用消毒剂、灭菌剂、杀虫剂，以及居民区产生的生活垃圾、生活污水、腐烂动物尸体等，在一定程度上也会对水体、土壤造成污染。这部分有害物质将污染

---

① 成都理工大学. 汶川特大地震地质研究工作报告［R］. 2008（6）.

灾区的饮用水源,并可能使一些河流水生特有物种的种群数量大量减少,从而威胁灾民的饮用水安全和河流水生态系统的安全。另一方面是由于地震灾害造成许多工业企业环保设施破坏,跑、冒、滴、漏等非正常排污增加。如绵竹市龙蟒公司、丰华磷化工公司、银丰公司及青川南效凯歌肉联厂等企业出现了硫酸、氨水等危化品储存罐体破裂、危化品仓库被毁,使局部地区污染源排放量增加,对环境造成了不同程度的污染。加之,一些地区的基础环保设施也在地震灾害中受到巨大破坏,污染治理和污染防控显得十分薄弱,对环境质量产生了一定的影响,致使部分地区、部分时段、部分指标出现超标现象。

特别严重的是由于地震对地质环境的改变,以致河流改道、堵塞,形成堰塞湖,改变了水资源时空分布,造成饮用水源损毁,部分饮用水源地或地表水监控断面由于来水量减少,自净能力下降,部分污染指标偏高;地震使大量泥沙、石块等物质进入水体,造成水体中悬浮物增加,个别地区矿物质检出量有所增加。如唐家山堰塞湖泄流时绵阳监测断面水质浊度曾达到 700 以上;地震灾害致使受灾地区的加油站损坏,许多汽车和个别油罐车翻入江河、埋入土里,造成汽油、柴油泄漏,在雨水、河流的作用下,扩大了对水体环境的污染,致使部分地区水质石油类污染超标,比较突出的是成都紫坪铺水库,一直到 2008 年 6 月中旬才基本上恢复到正常值。①

---

① 四川省环保局. 地震对灾区环境质量影响不十分明显〔Z〕. 四川新闻网,2008-06-15.

第三章　地震重灾区灾后生态恢复重建中存在的问题

灾后生态重建最大的特点，就是与其他重建工作具有不同的周期和过程。面对水环境、土壤环境、生态环境和社会环境的因灾变化，生态恢复重建的多目标使得重建本身面对非常多的矛盾与问题。本章将结合生态重建规划与重灾区的重建实践，对灾后生态恢复重建中存在的问题进行分析。

一、地震重灾区生态环境重建的系统性、复杂性和艰巨性

2010年，在地震重灾区多地发生的特大山洪泥石流灾害凸现强化生态修复的紧迫性，尽管生态修复已取得一定成效，但相对于经济重建、社会重建而言，生态修复重建的系统性、复杂性和艰巨性，使得灾区生态修复还任重道远。

（一）从重灾区生态修复相关规划看重建的系统性

生态修复是指对生态系统停止人为干扰，以减轻负荷压力，依靠生态系统的自我调节能力与自组织能力使其向有序的方向进行演化，或者利用生态系统的这种自我恢复能力，辅以人工措施，使遭到破坏的生态系统逐步恢复或使生态系统向良性循环方向发展；主要指致力于那些在自然突变和人类活动影响下受到破坏的自然生态系统的恢复与重建工作。

重灾区生态修复相关规划主要包括以下三个：

1. 《国家汶川地震灾后恢复重建总体规划》

灾区的基本特征是：地貌气候复杂、自然灾害频发、生态环境脆弱、生态功能重要、资源比较富集、经济基础薄弱、少数民族聚居。地震使得灾区生态环境遭到严重破坏，森林大片损毁，野生动物栖息地丧失和破碎，生态功能退化。生态环境恶化，植被、水体、土壤等自然环境被破坏，次生灾害隐患增多，导致生存发展条件变差。重建目标是"生态有改善，生态功能逐步修复，环境质量提高，防灾减灾能力明显增强"。生态重建区主要分布于四川龙门山地震断裂带核心区域和高山地区，甘肃库马和龙门山断裂带，陕西勉略洋断裂带，以及各级各类保护区等。在生态重建区的城乡布局方面，位于生态重建区且受到极重破坏、无法就地恢复重建的城镇，应异地新建。通过工程措施可以避让灾害风险的村庄，可在控制规模的前提下就地重建；灾害风险大或耕地灭失的村庄，应异地新建。在生态重建区的产业布局方面，应在不影响主体功能的前提下，适度发展旅游业和农林牧业，严格限制其他产业发展，原则上不得在原地恢复重建工业企业。

生态重建主要包括三个层次：①生态修复方面。坚持自然修复与人工治理相结合，以自然修复为主。②环境整治方面。加强对污染源和环境敏感区域的监督管理，做好水源地和土壤污染治理、废墟清理、垃圾无害化处理、危险废弃物和医疗废弃物处理。恢复重建灾区环境监测监管设施，提升环境监管能力。加强生态环境跟踪监测，建立灾区中长期生态环境影响监测评估预警系统。③土地整理复垦方面。加强土地整理复垦，重点做好耕地特别是基本农田的修复。对损毁耕地，要宜修尽修，最大限度地减少耕地损失。对抢险救灾临时用地和过渡性安置用地，要适时清理，对可以复垦成耕地的要尽可能恢复成耕地。对损毁的城镇、村庄和工矿旧址，以及其他具备整理成建设用地条件的地块，要抓紧清理堆积物，平整土地，尽可能减少恢复重建对耕地的占用。

2.《汶川地震灾后恢复重建生态修复专项规划》

该规划提出，用3年左右时间，投资131亿元（四川94.28亿元），坚持自然修复与人工治理相结合、以自然修复为主，生物措施与工程措施相结合、以生物措施为主，基本恢复灾区森林植被和野生动物栖息地，恢复重建受损的自然保护区，林木种苗生产和牧草种子基地生产能力恢复到灾前水平，使水土流失得到一定控制，森林、草地等生态功能初步恢复，恢复重建灾区受损的生态保护、环境保护基础设施，使生态环境监管能力得到恢复。再经过一段时间的努力，重建结构稳定、效益显著、质量优良的森林、草地、湿地等自然生态系统，达到生态功能逐步修复、生态环境改善的目标。

主要任务包括：①生态系统修复。规划恢复受损森林面积48.55万公顷，同时将受损12.47万公顷退耕还林和天然林保护工程造林地纳入现有渠道进行补植补造。②林业生产保护能力恢复重建。重建种子园、母树林、采穗圃、种质资源收集区和试验林、示范林等种苗生产基地1.26万公顷，重建育苗温室、大棚28.1万平方米。③大熊猫栖息地及自然保护区恢复。恢复重建国家级和省级自然保护区，重点做好卧龙、白水江等大熊猫自然保护区的恢复重建，恢复大熊猫等珍稀濒危野生动物栖息地。通过栽植竹、云杉和冷杉，建立走廊带，恢复灾后以大熊猫为主的栖息地12万公顷，恢复重建人工圈养动物的圈舍3.03万平方米；重点恢复灾区49个国家级和省级自然保护区的业务用房、道路和水电通信等公共设施，提高保护区保护管理能力，恢复重建管护、宣教、监测等用房16.4万平方米，恢复道路0.25万公里，水电通信线路共0.16万公里，动物圈舍1.42万平方米。④基础设施恢复重建。重建防火瞭望塔（台）350座，维修改造防火物资储备库2.7万平方米，重建扑救专业队营房1.8万平方米，恢复重建防火通信基站、中继台152处，补充更新森林火险预测预报设备等；补充更新林业有害生物防治和野外监测等设施设备；除自然保护区外，恢复重建灾区林业基层单位灾毁业务用房228.72万平方米（含苗圃用房15万平方米），恢复重建林区道路0.58万公里，水电通信线路0.74万公里，以及相关设施设备；恢复重建林业基层单位未纳入城镇住房规划的职工受损个人住房287万平方米。生态修复资金主要通过政府投入、社会募集、国外优惠紧急贷款和市场运作等方式筹集。

3. 涉及重灾区的其他生态保护和建设相关规划

这主要包括以下两个：

(1)《全国生态脆弱区保护规划纲要》

脆弱性具有环境系统内在的不稳定性、对外界干扰和变化的敏感性以及易遭受某种程度的损失或损害且难以恢复的基本特征。生态环境脆弱区是不稳定性、敏感性强且具有退化趋势的生态环境过渡地区，如农牧交错区、山地平原过渡地区、水陆交界区、城乡交界区、沙漠绿洲边缘区等。岷山—成都平原是中国陆地最为典型的山地—平原生态环境脆弱区，而横断山干旱河谷区、农林交错带等则是岷山—成都平原生态脆弱带内最典型的生态脆弱区。据调查，龙门山地震断裂带上的生态环境脆弱区，已成为山体垮塌、泥石流、滑坡等自然灾害的首发区域，对区内经济社会发展形成极大的生态压力。因此，灾区生态环境保护与生态恢复重建的关键性区域，无疑是地震灾区分布着的若干典型脆弱生态区。这些生态脆弱区不仅分布在生态重建区和适度重建区，也分布在适宜重建区。

按照界定，地震灾区作为西南山地农牧交错生态脆弱区，生态环境脆弱性主要表现为：地形起伏大，地质结构复杂，水热条件垂直变化明显，土层发育不全，土壤瘠薄，植被稀疏；受人为活动的强烈影响，区域生态退化明显。这一问题的成因包括经济增长方式粗放、人地矛盾突出、监测与监管能力低下、生态保护意识薄弱等。主要的应对措施包括：①全面退耕还林还草，严禁樵采、过垦、过牧和无序开矿等破坏植被行为；②积极推广封山育林育草技术，有计划、有步骤地营建水土保持林、水源涵养林和人工草地，快速恢复山体植被，全面控制水土流失；③加强小流域综合治理，合理利用当地水土资源、草山草坡，利用冬闲田发展营养体农业、山坡地林果业和生态旅游业，降低人为干扰强度，增强区域减灾防灾能力。

(2)《全国生态功能区划》

涉及灾区的生态功能建设区主要包括：

其一，岷山—邛崃山生物多样性保护重要区

该区具有生物多样性保护、水源涵养和土壤保持的重要功能。山高坡陡，雨水丰富，土壤侵蚀敏感性程度高。目前存在的主要生态问题是：长期以来山地资源的不合理开发利用带来的生态问题较为突出，表现为土壤侵蚀严重、山地灾害频发和生物多样性受到威胁。

拟采用的生态保护措施主要包括：①加大天然林的保护和自然保护区建设与管护力度；②禁止陡坡开垦和森林砍伐，继续实施退耕还林工程；③恢复已受到破坏的低效林和迹地；④发展林果业、中草药、生态旅游及其相关产业；⑤停止导致生态功能退化的不合理的人类活动，发展沼气，解决农村能源。

其二，横断山生物多样性保护重要区

该区具有生物多样性保护、水源涵养和土壤保持生态功能。区内土壤侵蚀、冻融侵蚀和地质灾害敏感性程度极高。目前存在的主要生态问题包括：森林资源过度利用，原始森林面积锐减，次生低效林面积大，生物多样性受到不同程度的威胁，土壤侵蚀和地质灾害严重。

拟采取的生态保护措施主要有：①加快自然保护区建设和管理力度；加强封山育林，恢复自然植被；②防止外来物种入侵与蔓延；③开展小流域生态综合整治，防止地质灾害；④提高水源涵养林等生态公益林的比例；⑤调整农业结构，发展生态农业，实施退耕还林还草，适度发展牧业；⑥对人口已超出生态承载力的区域实施生态移民。

从以上规划中可以看出，地震灾区的生态恢复重建不仅是一个简单的生态修复过程，而且是结合了生态修复、经济社会发展和减灾三重目标的过程。就生态修复而言，也并非仅仅针对因地震所造成的生态损失和功能丧失，而是从整个区域的生态功能定位出发，着眼于区域生态功能的恢复对更大范围的经济社会发展的支撑作用，即生态服务的全面提升。这是一个着眼于未来的生态修复过程。地震的发生只不过改变了生态修复的进程和内容，修复的目标并没有变化。就经济社会发展而言，重灾区的发展必须建立在生态服务的基础之上，要改变过去过度依赖生态环境来发展区域经济的做法。这就意味着整个地区城镇布局和产业选择、布局的彻底调整。就减灾而言，就是要通过加大投入，夯实生态基础设施，发挥生态系统对减轻次生灾害和未来自然灾害发生对区域经济社会的冲击的作用。因此，仅仅从规划的角度而言，重灾区的生态恢复重建是一个系统工程，在多重目标的作用下，生态恢复重建必须考虑多元化的投入与多方的参与，以形成一个生态系统的多元化治理局面。

（二）从重灾区的自然条件看生态重建的复杂性

最为严重的问题在于地震后包括滑坡、崩塌和泥石流在内的次生灾害潜在风险区域大大增加。按照国土资源部门的统计，在汶川至北川200公里的地震带上，震后发生滑坡和崩塌的地方有15 000多处，形成33处堰塞湖。应对次生灾害成为地震应急处置和灾后重建的最为紧要的问题。这一问题构成了重灾区生态重建的一个重要内容。要在短期内通过投入的方式加以治理，面临很大的困难。

地震造成灾区森林、草场和湿地减少122 136公顷。大熊猫栖息地减少655.84平方公里，占全部栖息地面积的5.9%，栖息地表面植被减少1 221.36平方公里；其中光卧龙保护区一处栖息地就减少42.59平方公里，表面植被损毁61.17平方公里。生态系统功能退化严重。按照第宝峰等（2010）[①] 对彭州龙门山区域的研究，灾区土壤侵蚀情况严重，危险区域（土壤严重侵蚀区域、植被覆盖小于15%的区域）大大扩张。卫星图片（见图3-1）显示，森林植被因地震损失严重，生态系统涵养水土能力下降，土壤侵蚀风险迅速上升（见图3-2）。在随后几年里，随着雨季的到来，出现山体滑坡、泥石流的风险大大增加。

此外，为了避免地震灾后传染病的大规模爆发，四川汶川地震灾区使用了大量消、杀、灭药剂。消、杀、灭药剂的大量投放不仅直接威胁着灾区人民群众的

---

① Baofeng Di, et al. Quantifying the Spatial Distribution of Soil Mass Wasting Processes After the 2008 Earthquake in Wenchuan China —A Case Study of the Longmenshan Area [J]. Remote Sensing of Environment, 2010, 114：761-771.

图 3-1　彭州龙门山区域植被震前（2005 年）与
震后（2008 年）植被覆盖情况比较

图 3-2　彭州龙门山区域震前（2005 年）与
震后（2008 年）土壤侵蚀情况比较

饮食安全和身体健康，而且对灾区下游的水质安全也产生了严重威胁。截至 2008 年 5 月 21 日，在整个地震灾区卫生部已经累计派发了 445 吨消、杀、灭药剂，农业部累计派发了 498 吨消、杀、灭药剂。由于本次地震灾害损毁最严重的地区主要位于西部山区，因此消、杀、灭药剂的集中投放也主要集中于西部山区的灾民聚居点及房屋建筑集中坍塌区。2005 年土地利用数据统计结果显示，受灾严重的居民建设用地总面积为 67.46 平方公里，如果以此作为卫生部和农业部派发的消、杀、灭药剂的集中投放区，则投放到单位面积土壤中的药剂含量分别为 7.38gm^{-2} 和 6.60gm^{-2}。这些药剂不仅直接影响到灾区灾民的饮食安全和身体健康，而且可通过地表径流进入水体富集，进而影响到下游地区的水质安全（徐新良等，2008）[1]。

按照国际经验，地震所造成的生态影响（物种的演变、土壤侵蚀、地质灾害）可以持续 20 年，而社会经济系统的重建活动也会持续 10 年左右。一方面要采取应急性措施消除生态影响可能造成的新损害，另一方面要在大规模重建活动开展的同时减轻其对本已脆弱的自然生态环境的影响，是一个两难复杂局面。在自然生态影响和人类经济活动的双重压力下，生态恢复的进程不容乐观。

（三）从重灾区生态恢复的周期看生态重建的艰巨性

沈茂英（2009）[2] 认为，岷山—成都平原是中国陆地最为典型的山地—平原生态环境脆弱带，其特点是：①多种要素之间由量变到质变的转换区，生物多样性的出现区；②抗干扰的能力弱，在山地平原带对降水敏感，易发生滑坡泥石流等；③易发生生态系统的变化和演替，但可恢复原状的机会小，自然灾害多发。汶川地震及余震与次生地质灾害作为重大的自然力干扰事件，对区内的脆弱生态环境所造成的影响是破坏性的。生态重建的重点在于生态脆弱区、自然保护区与风景名胜区、河流源区与流域区、聚落生态与农田生态区、地震遗址保护区五个区域。

汶川地震重灾区有大量农村贫困人口（包括低收入人口）。贫困人口的显著特征之一是脆弱性，不仅易受外界变化的影响，而且与生态系统的脆弱性一样，抗扰动能力弱、改变现状的能力低。地震灾区农村贫困人口相对集中的区域，也是生态环境脆弱区，两者之间呈现出地理空间上的高度耦合。生态重建的困难在于：①脆弱生态环境的难恢复性与地震地质影响的持续性。恢复重建的生态环境却不能避开地质灾害，各种生态环境建设项目可能受到多次破坏，这是生态保护和重建直面的困境。②农村贫困人口的脆弱性与对自然资源的严重依存形成"贫困→环境退化→贫困加剧→环境退化加剧"的恶性循环怪圈且很难从内部打破。贫困使生态环境趋向脆弱，而生态环境脆弱又进一步加剧贫困。在地震灾区生态重建与恢复中，如何打破贫困与环境退化之间的循环怪圈，是生态保护所面临的最艰巨的任务之一，也是目前生态建设必须解决的首要问题。③区域经济开发活动强化了生态环境的脆弱性和生态保护的艰巨性。

地震重灾区地处龙门山系，是我省重要的水源涵养区、水土保持区和生物多样性富集区。地形地貌复杂，山高坡陡谷深，岩体松散破碎，生态环境易遭破

---

① 徐新良，江东，庄大方，邱冬生. 汶川地震灾害核心区生态环境影响评估 [J]. 生态学报，2008 (12)：5899-5908.

② 沈茂英. 汶川地震灾区恢复重建中的生态保护问题研究 [J]. 四川林勘设计，2009 (2).

坏、难修复。生态恢复以林草植被恢复为主要内容，更容易受季节、气候、土壤、水分等自然地理条件的限制，有效重建时间短、空间有限，成果保存难度大，难以在短期内完全恢复到震前状态。即使植被能够得到有效恢复，要真正恢复其生态系统功能，提升生态服务效益，也需要漫长的历史过程。

在汶川、理县、茂县等岷江上游的干旱河谷地区，人口密集，震前的生态环境十分脆弱。特大地震后产生了大量的山体滑坡、泥石流，自然植被破坏十分严重，加之干旱河谷严酷的自然条件使得这一区域生态环境自然恢复能力较弱、恢复进程缓慢。地震对这一区域的自然生态环境影响比较明显，灾后重建所面临的生态环境压力较大，生态保护与经济发展的矛盾变得更加突出，生态环境将进一步恶化。在成都、德阳和绵阳等靠近盆周山区区域，人口比较密集，地震造成的环保设施破坏、工矿企业污染物泄漏等环境危害相对比较严重，水体、大气和土壤等环境质量受影响程度比较重。但是，由于这一区域水热条件好，自然条件相对优越，环境承载力和自然恢复能力都好于龙门山西部地区，因此，地震灾后生态修复必须充分遵循自然规律，制定合理的修复期限，统筹安排、分步骤分阶段实施，突出修复重点，逐步实现自然生态系统恢复和生态功能发挥。

对于重灾区，尤其是生态重建区的生态恢复，理论界的意见包括两种：一是通过采取保护的措施，利用自然力的作用使生态环境自我恢复。人力的干预为辅，主要集中在重点开发和适度开发区（蒋高明，2008）[1]。二是采用生态工程的方式，促进生态基础设施建设：一方面加强封山育林与生态管护；另一方面采取工程措施与生物措施有机结合的方法，及时有效地进行恢复重建，尽快控制水土流失，以遏止生态恶化趋势（包维楷，2008）[2]。但一直以来，国内在地震活动对生态系统结构与功能的影响与震后变化方面的研究一直比较缺乏，灾后生态演变过程、速度以及机理还不清楚。利用自然力进行恢复在国外取得了成功，但在人与环境关系高度紧张的重灾区，采取这样的形式是否会对社会经济的发展造成过大的压力难以比较和衡量。同样，对生态系统进行大规模的投入和生态补偿，是否可以产生预期的效果，以一般的技术经济手段，难以估算。

九三学社《关于汶川地震灾区主要江河流域生态修复问题调查》（以下简称《调查》）中明确指出，灾后生态修复以林草植被恢复为主要内容，更容易受季节、气候、土壤、水分等自然地理条件的限制，有效重建时间短、空间有限，成果保存难度大，难以在短期内完全恢复到震前状态。据估算，每损失 1 公顷林地，将减少 115 立方米的水源涵养能力，震区森林系统共损失蓄水能力约 22 亿立方米，相当于库容为 10 亿立方米以上的两座大型水库。森林生态系统的严重受损势必给长江上游生态安全和整个流域经济社会的可持续发展带来巨大隐患。即使植被能够得到有效恢复，要真正恢复其生态系统功能，提升生态服务效益，也需要漫长的历史过程。此外，在资金方面，和其他重建工程相比，生态修复资

---

① 蒋高明. 震后生态修复应以自然力为主 [J]. 资源与人居环境，2008（17）.
② 包维楷. 汶川地震重灾区生态退化及其恢复重建对策 [J]. 中国科学院院刊，2008（4）.

地震重灾区生态破坏及灾后生态恢复建设 对策

金缺口更大。生态修复投资大、周期长、见效慢，难以吸引社会资金投入；灾区财政普遍困难，无力解决项目配套资金，致使生态修复资金缺口较大。截至2010年10月，全省生态修复规划资金为135.64亿元，实际可能落实83亿元，缺口达52亿多元。目前，生态修复规划资金仅限于应急重建基础工作，生态修复的补充、完善和生态系统功能全面恢复缺乏持续的资金和项目支持。同时，整个地震灾区生态监测网络不健全，也影响着生态修复进度，尤其缺乏森林功能、森林生物量、森林碳汇储量、生物多样性、非木质林产品产量和产值等方面的信息，不能完整地反映生态综合效益，难以适应生态修复的需要。再加上灾区生态修复的任务艰巨繁重而又紧迫，国内没有现成的经验可以借鉴，没有相关先期研究和工作预案，生态修复技术成果储备和专业人才队伍严重不足，用现行重点生态工程的技术手段和一般工程管理措施应对地震生态修复，难免影响到修复的效果。有鉴于此，《调查》指出，汶川地震灾区主要江河流域生态修复问题是一项巨大的系统工程，虽然主要范围在四川，但责任并不全在四川，且仅靠四川的力量是极为有限的，与灾后经济重建一样，必须举全国之力才能实现生态修复重建的最终目标。在生态恢复周期上应着眼于长远。"三年任务两年基本完成"的要求落实到生态修复上应分类指导：生态建设基础设施要加快重建进度，限期完成任务；主要依靠人工恢复的重点地区，可在尊重自然规律的前提下尽快提前；主要依靠自然力恢复的地区，不宜限定在短期内完成任务。

在地震产生的建筑垃圾处置方面，按照权宗刚（2008）①的估算，地震产生的建筑垃圾烧结砖为1亿吨，混凝土为8 000万吨，塑料为800万吨，钢材为1 000万吨，装饰材料及其他为200万吨，总量为2亿吨（这一数据并不准确，在其他的研究中，有的说为3亿吨）。《汶川地震灾区工业恢复重建规划》中认为，汶川地震引致倒塌房屋680万间，受损房屋2 300万间，两项合计产生建筑垃圾5亿吨，如露天堆放，占地5万亩，需要花费巨资进行处理。数量如此庞大的建筑垃圾，如果按照传统的处置方式完全无法处理。堆放地震后的建筑垃圾需要大量土地，每10万立方米的建筑垃圾至少需要6万立方米的堆放场地，一般临时建筑垃圾堆放场地高度在3米左右，堆放场地还需要留有5%以上的面积用作道路、缓冲区以堆放分拣的其他垃圾等。简单的处理方法对土地、人力资源的消耗十分巨大，且运输成本、无害化填埋成本极高，按照有关方面的估算，成本超过100亿元。这对地处山区的灾区来说，是非常不利的——不仅会占用灾区本来就紧张的土地资源，还会带来污染、环境和社会问题。同时，灾后重建所需的建筑材料的数量同样巨大；新建建筑对水泥、砂石等资源的消耗量大，虽然震区砂石资源丰富，但如此大量地使用对自然环境的影响还是非常巨大的。针对建筑垃圾的新资源化利用技术尽管已经实现了成果转化，但在地震灾区还没有相关的项目存在。

---

① 权宗刚. 地震后建筑垃圾资源化技术及其在重建中的应用探讨 [J]. 砖瓦，2008，38（9）：92-94.

在住房和城乡建设部出台的《地震灾区建筑垃圾处理技术导则》明确指出："建筑垃圾处理处置分为回填利用、暂存堆放和填埋处置三种方式"；"建筑垃圾回填利用主要用于场地平整、道路路基、洼地填充等"；"建筑垃圾暂存堆场主要利用城镇近郊低洼地或山谷等处建设，条件成熟后，可将建筑垃圾进行资源化利用或转运至填埋场处置"；"建筑垃圾填埋场可以市、县为单位集中设置。建筑垃圾填埋场宜选择在自然低洼地势的山谷（坳）、采石场废坑等交通方便、运距合理、土地利用价值低、地下水贫乏的地区；填埋库容应保证服务区域内损毁的建筑垃圾和灾后重建的建筑垃圾填埋量"；"建筑垃圾资源化利用应做到因地制宜、就地利用、经济合理、性能可靠。为保证短时间内消纳大量建筑垃圾，灾区建筑垃圾利用应优先考虑就近回填利用以及简单、实用的再生利用方式"。对建筑废弃物要本着回收、利用的原则进行清理，为森林植被、绿化植物提供一定营养和足够深度的土壤，保证植物正常生长。

由此可以看出，尽管资源化利用技术可以实现建筑垃圾的有效处置，但在现实的条件下，回填、堆放和填埋仍然是建筑垃圾处置的主要方式。在恢复重建中，我省启动了建筑垃圾资源化利用项目建设，在都江堰、北川、什邡等地震灾区规划了6个建筑废物资源产业化处置示范工程。两个正在建设中的示范性工程一个在都江堰石羊镇，一个在绵竹市拱星镇。每条生产线规模为100万吨/年。其中都江堰项目于2010年4月投产。按照我省的规划，在这些项目建成后，建筑垃圾的资源化利用率将达到60%，即每年可以消化2 400万吨建筑垃圾。就灾区已形成的大量建筑垃圾而言，在未来可预期的相当长时间内，资源化利用不可能是建筑垃圾的主要处置方式。而由传统处置方式所形成的对生态环境的威胁，依然是要重点关注的领域，需要下大力气加以防治。

二、灾后重建重点的考虑与生态恢复目标之间存在偏差

灾后生态恢复重建既是一个新命题，也是一个老话题。说它是新命题，是说灾后生态恢复重建具备了与一般意义上的生态修复不一样的内容，因此需要以新的举措来加以应对。说它是老话题，是因为作为重灾区的山地、丘陵地区，生态修复一直是这一地区的重点内容。近十年来，无论是发展战略、发展政策和资金提供上，都得到了国家的倾斜性支持。尽管过去十年在这一地区的生态修复上我们取得了很大的成绩，但各种问题在不同的层次上依然存在，生态系统退化的趋势依然没有得到根本性的逆转。生态环境发展存在的困难与矛盾，其根源在于社会和经济系统。社会和经济系统不同的价值取向，会形成对生态环境发展的不同态度和策略，由此影响生态环境建设的进程。在灾后生态恢复重建中，以下三个方面的负面因素必须加以仔细考察和认真应对。

（一）生态恢复目标难以成为灾后恢复重建的核心目标

按照《汶川地震灾后恢复重建总体规划》，灾后重建的指导原则是"优先恢复灾区群众的基本生活条件和公共服务设施，尽快恢复生产条件，合理调整城镇

乡村、基础设施和生产力的布局，逐步恢复生态环境"。重建的目标包括"家家有房住、户户有就业、人人有保障、设施有提高、经济有发展、生态有改善"。这一目标集合既包括了住房、保障、设施等社会发展目标，又包括了就业、经济等经济发展目标和生态目标。在一个较短的时期内，多重目标的实现显然存在着时间上的优先顺序选择。

从社会发展的角度看，以极重灾区为例，人口的 65%（最高安县，86.3%；见表3-1）以上为农业人口。农业经济的发展对灾区恢复重建极为重要，由此生态环境的修复也应当放在一个非常重要的位置。从人口密度上看，在丘陵地区，人口密度较大，而在山地区域，人口密度很小（见图3-3）。如果要以生态恢复来统御整个恢复重建，那么相应地，投入结构就应当考虑人口与环境之间的相互关系，在社会与环境矛盾突出的地方进行集中投资。然而，目前的情况却是按照受灾程度的不同和社会经济发展条件的好坏来分配重建资金。以投资总量来看，2009 年极重灾区中都江堰投资最多，达到了 218.8 亿元。考虑地理环境、行政区划等因素，都江堰也是极重灾区中经济发展条件较好的地区。考虑极重灾区地区经济发展水平（见表3-2、表3-3），这种情况的出现并非偶然现象。2009 年按人均看，投入最大的是汶川（见图3-4），与 2008 年相比，投资增加最快的也是汶川（见图3-5），这说明汶川因其在地震中受损程度最高而得到了资金的倾斜性支持。此外，目前的固定资产投入，无论其投入性质如何，均表现出了较强的非生产性特征，即在投入阶段未能起到带动地方经济发展的目的。极重灾区的全社会固定资产投入与当年地区生产总值的比值均在 1 以上，这说明有相当部分的投入未能计入当年的产值。在投入阶段就不能成为区域经济生活一部分的投资活动，在投资完成后、项目处于运行状态时，也很难表现出对区域经济的积极影响。因此，可以将这些投资视为非生产性投入。

表 3-1　　2009 年极重灾区各县（市）农业与非农业人口构成比例①

占比（%）　县（市）	农业人口	非农业人口
汶川县	65.0	35.0
北川县	76.5	23.5
绵竹市	76.1	23.9
什邡市	77.7	22.3
青川县	84.2	15.8
茂县	77.1	22.9
安县	86.3	13.7

① 佚名. 四川统计年鉴（2010）［Z］. 北京：中国统计出版社，2010.（以下数据如无说明，均出自此处）

46

表3-1(续)

占比（%） 县（市）	农业人口	非农业人口
都江堰市	72.6	27.4
平武县	85.0	15.0
彭州市	68.1	31.9

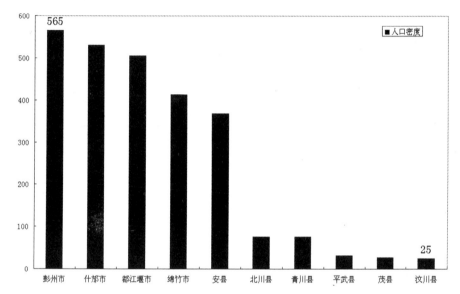

图 3-3　2009 年极重灾区各县（市）人口密度示意（单位：人/平方公里）

表 3-2　2009 年极重灾区各县（市）生产总值与人均地区生产总值比较

地区	辖区面积 （平方公里）	地区生产总值 （万元）	人均地区生产总值 （元）
汶川县	4 083	236 390	21 888
北川县	3 084	187 761	8 693
绵竹市	1 246	1 240 000	25 535
什邡市	820	1 100 893	25 250
青川县	3 216	135 179	6 232
茂县	4 075	122 215	11 465
安县	1 189	467 813	11 305
都江堰市	1 208	1 168 784	18 423
平武县	5 974	154 336	9 382
彭州市	1 421	1 254 436	16 107

表 3-3　　　　　　2009 年极重灾区各县（市）经济增长情况比较

地区	固定资产投资/地区生产总值	地区生产总值增速（%）
汶川县	3.66	61.4
北川县	5.07	17.1
绵竹市	1.39	18.3
什邡市	1.12	19
青川县	5.9	15.8
茂县	5.57	58.8
安县	2.04	14.6
都江堰市	1.87	25.1
平武县	3.03	15.2
彭州市	1.34	14.8

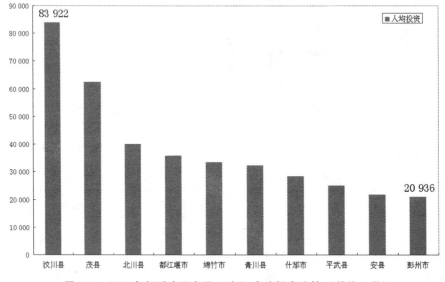

图 3-4　2009 年极重灾区各县（市）人均投资比较（单位：元）

　　这些非生产性投入中，应当包含部分的生态环境建设投资，但无论是从公布的数据上看，还是从分析上看，这部分投资占比均很小。例如从分析的角度看，如果生态建设很重要，那么固定资产投入就应当与辖区面积之间存在某种相关性。但数据（见图 3-6）表明，这种相关性并不存在，平武作为辖区面积最大的区域，也是受灾较为严重的区域，每平方公里投资只有 78.15 万元，而都江堰有1 811.21 万元，差距非常大。

　　这些数据充分说明了当前的灾后重建中，生态修复和重建尽管是规划所指定的目标之一，但在实际的操作层面上，生态恢复目标难以成为实际操作的对象。

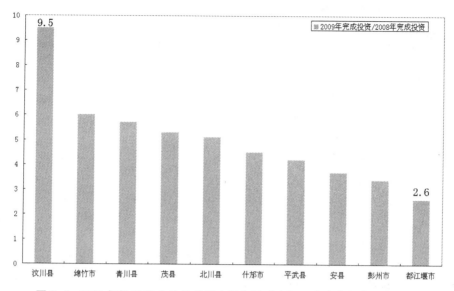

图 3-5　2009 年与 2008 年比较极重灾区各县（市）固定资产投资增加倍数

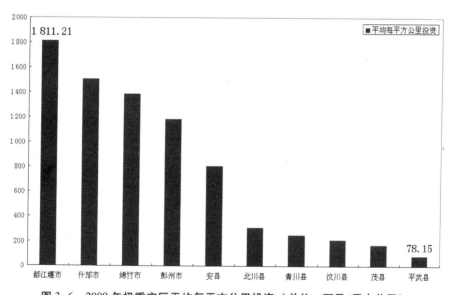

图 3-6　2009 年极重灾区平均每平方公里投资（单位：万元/平方公里）

汶川灾后恢复重建规划 3 年 1 万亿元投资，而生态规划项目总和为 131 亿元。即使这些资金全部投入生态重建区，84 199 平方公里的生态重建区，每平方公里的投入也仅为 15.6 万元。2010 年，当恢复重建的阶段性任务完成之后，灾后恢复重建进入了新的历史时期。我们看到，产业恢复重建成为当前关注的重点，生态环境的恢复与重建在可预期的未来还是不能作为重建的核心命题，但应赋予适当的重要性并加以认真讨论。

汶川 地震重灾区生态破坏及灾后生态恢复建设 **对策**

（二）生态恢复目标的重点认识不统一

在有限的生态恢复和重建资金中，重点投入的领域应当是什么，在当前，这一领域的确定是存在争议的。按照规划的表述，生态环境恢复重建的目标有三：一是生态功能恢复；二是环境质量提升；三是防灾减灾能力增强。相应地，具体领域也有三：一是生态修复；二是环境整治；三是土地整理复垦。

这一规划以及相配套的投资，无论是与其他方面的投资相比较，还是与生态环境需要恢复和重建的工作量相比较，都是远远不足的。地震两年后的今天，在灾后重建阶段性任务结束之际，2010 年 8 月 13 日，受地震影响和恶劣气候条件作用下形成的洪水和泥石流造成四川省因灾直接经济损失 68.9 亿元人民币。成都、德阳、广元、绵阳、雅安、阿坝等"5·12"汶川特大地震重灾市（州）受灾严重。极重灾区绵竹市清平乡、汶川县映秀镇和都江堰龙池镇受灾尤为严重。在映秀镇外发生一处塌方量约 70 万方（1 方＝1 立方米。下同）的泥石流，近 40 万方泥石进入岷江形成堰塞体，致使河流改道，河水进入正在重建中的映秀镇，淹没了部分道路和房屋，造成巨大破坏和严重损失。对于这一灾害性事件的发生，事前并非没有认识，2009 年入汛前，国家相关部门和研究机构就针对灾区可能因暴雨导致的新地质灾害进行过调研。但当 2010 年灾害来临时，我们依然没有对灾害所形成的损害进行事前的有效规避，而是仅仅依靠应急处置系统的运作来临时性地避免人员伤亡和财产损失。从效果上看，应急系统尽管有效，但其作用是非常有限的。它只能减少损失，而不能规避损害。真正能够减轻损失的生态恢复与重建并没有发挥应有的作用，以生态恢复和重建来统御整个恢复重建过程的战略思维并没有建立起来。重建依然是以社会和经济系统的重建为主，生态成了一条"短腿"。建立在这样的生态环境基础之上的社会和经济系统，其脆弱性水平可想而知。

我们已经发现，新的灾害性事件的影响和破坏具有长期性，诱发因素具有复杂性、隐蔽性、突发性和动态性，不但影响防灾减灾与生态修复的有效衔接，而且在客观上使得生态修复难以完全按规划实施。要保障经济社会恢复重建的成果，生态恢复和重建就要跟上。有学者提出，要减少新的灾害事件对社会和经济系统的损害，就需要对现有的恢复重建项目进行必要的环境评价，严格落实避让灾害点的原则，放弃现有的部分居民点，设置禁止居住安全线，作为缓冲地带，为崩塌、滑坡和泥石流灾害的发生留出必要的空间，让洪水、泥石流来了，有地方可以流走、堆积，不会淹没村庄、冲毁房屋。也有学者认为根本的手段在于恢复生态系统的服务功能，需要深刻反思，紧急刹车，改变发展模式，重构可持续科学发展的蓝图。而目前生态修复规划资金仅限于应急重建基础工作，生态修复的补充、完善和生态系统功能全面恢复缺乏持续的资金和项目支持。基于这样的认识，灾后重建第二阶段的主要任务应当是生态重建。

即使我们能够在上述问题上取得共识，在生态重建的任务上我们依然存在不同的认识。例如，河流、流域治理与森林植被恢复哪一个更重要？自然生态环境恢复与人居生态环境治理哪一个又更为迫切？对于前一个问题，目前倾向于河流和流域的治理，因为这不仅涉及地震灾区，还涉及下游地区。但就生态系统恢复而言，灾区植被的恢复是一个更值得关注的问题。其所能提供的生态产品与服务对于灾区以农为主的产业结构至关重要。这一问题背后的决策困难在于，灾区的生态修复，究竟是应该以本地居民的需求为导向还是以更大区域的发展需求为导向。对于后一个问题，在"8·13"灾害发生之后，理论与舆论的指向焦点均是自然生态系统和减灾，但随着我们灾后住房重建的结束，城镇和乡村生态建设的问题也将浮出水面：以传统方式处置的庞大建筑垃圾是否会造成二次环境污染？新的居民安置点是否对环境本身造成不恰当的压力？密集的建筑活动是否已经对环境造成了不必要的伤害？所有这些问题都没有办法给出肯定或否定的回答。由此形成的争论也难以平息。

生态恢复与重建，是一个长期的过程。在这一过程中，我们可以借鉴国际经验。但由于自然地理和社会经济条件有较大差异，我们无法根据国际经验对本地的生态重建做出精准的评价。无论是在方法上还是在数据上，精确的估算均无法做到。在这样的条件下进行生态重建决策，能够起到关键性作用的，是一个确定的价值目标和恰当的多元化决策机制。有了确定的价值目标，我们在面对分歧时就不至于形成难以弥合的局面。在生态恢复与重建上，我们不仅要讲以人为本，关注当前灾区居民的发展诉求，我们更要讲人的全面可持续发展，关注灾区居民未来的自我发展能力建设。这是在生态恢复与重建中应当坚持的正确价值目标。在面对争论时，只要我们能够以人的全面可持续发展观看待恢复与重建中存在的矛盾与争论，就一定会有达成共识的基础。此外，多元化的决策和投入机制也是必要的，只有让居民，尤其是受生态环境变化影响最大的居民能够进入生态恢复与重建的决策机制中来，让更为广泛的人群能够对生态恢复与重建面临的矛盾与困难有了解，正确的决策就会从多元化的决策机制中自然产生。

（三）重灾区政府更关注重建的短期目标

在灾后恢复中，政府总是试图加快重建速度。无论是在住房重建、城镇重建还是产业重建方面，加快重建速度总是政府的第一选择。无论在国际还是国内，这都是普遍现象。加快重建有很多好处，例如能够迅速改变灾区千疮百孔的破败局面，能够让灾区居民迅速改变灾后一无所有的状况，能够迅速为本地经济的发展奠定坚实的基础等等。但对于生态恢复与重建而言，快速重建却有很多问题：一是环境评价难以发挥作用。尽管在重建过程中可以履行环境评价的程序，但在一个较短的时间段内，当环境问题本身都还没有暴露出来的时候就进行环境评价，本身就不科学。二是重建项目对环境本身会造成什么样的影响不清楚。生态恢复与重建需要一个较长的时期。在此期间进行项目建设，有可能最终会与生态恢复和重建相冲突，最终导致建好又拆，形成重复建设，浪费资源。三是短时间在一个领域内大规模投入，会造成投入领域与未投入领域的运行不匹配，进而对环境形成新的、难以预料的压力。

在重灾区地方政府的恢复重建规划中，尽管我们可以看到生态恢复的内容，但与大篇幅的经济和社会系统恢复重建的内容相比而言，生态恢复不仅在目标上与国家的重建规划雷同，而且在内容上也大体相似，基本上没有反映出地区生态恢复重建的特色。例如在丘陵地区，人多地少，生态恢复的重点之一应当是城镇和乡村人居生态环境的建设，但在这些地区的规划中却没有这样的内容。某市的《灾后重建规划》共 97 页，生态重建任务的描述不足半页，11 行不足 500 字，其中既有自然生态系统的恢复，也有城市生态工程的建设，还有生态知识的培训，内容面面俱到。客观而言，以这样的篇幅实在难以将复杂的生态重建问题讲清楚。这充分反映了当前生态恢复与重建在政府选择序列中的排序。过去两年的重建过程，也充分地体现了政府工作的重心在于灾区社会和经济系统的恢复这样一个事实。

如果生态恢复与重建决策是一个多元化的决策过程，那么政府将生态恢复与重建排在其确定的重建序列之后就不会有什么问题。因为这样一个排序最终是需要经过多元化的决策过程才能够确认的。而就当前的情况看，灾区的生态恢复与重建，政府是绝对的主体；在灾区的地方经济发展中，政府也扮演着重要的角色。因此，如果生态恢复与重建在政府的优先顺序中排列靠后，那么就意味着这一项工作将在一定的时期内面临投入、保障等诸多方面的问题，其落实就会存在相当的难度。这是体制性问题。生态恢复与重建要真正能够成为灾后重建的重点与主题，要能够成为统御整个重建工作的重心，在当前的体制下，必须要求政府改变对生态恢复与重建的认识。而这种认识的改变，又涉及政绩考核体系的调整。如果考核体系依然以地区经济发展为重点内容，那么相应地地区经济发展和社会建设依然会是政府的首要选择，而生态恢复与重建依然会是应急管理体系的一个组成部分，成为经济和社会系统的附庸。

三、重灾区经济建设发展与生态恢复重建相冲突问题

灾后最大的冲突在于重灾区经济建设发展与生态恢复之间不相容。这是影响生态恢复重建进程的最大障碍性因素。而在当前的灾区，无论是居民还是政府，对这一问题的认识又是非常地一致，即认为经济建设发展优于生态恢复重建。在短期内，这种认识几乎是无法扭转的。在这一认识指导下展开的灾后恢复重建，表现出以下几个方面的矛盾与冲突：

（一）重灾区资源环境承载能力与经济发展不协调

资源环境承载能力是指生态系统的自我维持、自我调节能力，资源与环境子系统的供给容纳能力及其可维持的社会经济活动强度和具有一定生活水平的人口数量。资源环境承载能力是可持续发展的重要基础理论之一，它的核心理念是根据自然资源与环境的实际承载能力，确定人口、社会与经济的发展速度，从而更好地解决资源、环境、人口与发展问题，实现环境与生态系统的良性循环以及人与自然、社会和经济的可持续发展。生态环境承载能力的内涵包括：资源和环境的承载能力大小、生态系统的弹性大小以及生态系统可维持的社会经济规模和具有一定生活水平的人口数量。其中，因为人类以及各种动物的生存发展都要依赖

于各种自然资源，资源承载能力是生态环境承载能力的基础条件。此外，人类对自然资源的开发利用必然引起环境变化，人类在消耗资源的同时也必定会排出大量废物，这些都必须维持在环境的自我净化能力允许范围内，环境承载力是生态环境承载能力的约束条件。资源环境承载力是一种绝对的能力，它界定了在产业结构不变的情况下区域经济发展规模的上限。当前，无论是在土地、水还是其他自然资源方面，资源环境承载能力均与重灾区经济发展之间存在一定程度的不协调。

首先，土地面积狭小是对灾区经济发展最大的约束和限制。例如北川县人均可利用建设用地只有 0.1~0.25 亩。汶川县县城威州镇由于周围山体不稳定，次生地质灾害较多，在原址重建中，适当缩小了人口规模，转移部分城镇化职能；原来的重要工业与旅游中心映秀镇可建设用地大幅减少，短期内难以恢复承担原城镇职能，城镇功能定位也发生了重大调整。再例如青川，属革命老区、贫困山区、少数民族聚居区，全县有 36 个乡镇，面积为 3 216 平方公里，总人口达 25 万人。其中，非农业人口 4.1 万人，农业人口 20.9 万人。全县耕地面积19 553公顷，人均占有耕地面积 0.094 公顷。当前，青川县已进入恢复重建的关键阶段，截至 2009 年 3 月，已有学校、乡镇卫生院、道路修复等 100 多个基础设施重建项目动工，全县已征地 2 100 余亩，征地涉及全县 36 个乡镇。其中，农业耕地占 1 850 亩，因征地失地转非人数达 5 550 人（按以往全县平均每征用 1 亩耕地需转非 3 人的标准测算）。根据国家地震灾区恢复重建总体规划，县规划部门、国土和城建部门测算，随着县城、乡镇等大批公共基础设施恢复重建项目的启动，在今明两年里还将征用土地 18 000 余亩，全县因灾后公共基础设施恢复重建征用土地预计将突破 2 万亩，其中，农业耕地占 15 000 亩，失地农民的人数也将累计达到 45 000 人。目前青川县农民的征地补偿每亩在 1.5 万元和 3.5 万元之间。据调查，该县农村居民人均消费支出为 4 000 余元，加上子女就学等支出，失地农民变成居民后，如果不能就业，以最高补偿标准 4 万元计算，仅能维持不到 5 年的生活，也就是说征地安置补偿费用远不能满足失地农民维持长久生计的需求。土地问题以及土地用途的改变所导致的社会问题已成为制约该县发展的重大限制性因素。这样的情况在地处山区的灾区地方并不少见。经济发展面临着最为基本的条件约束。

其次，生态系统方面，钱骏等[①]（2008）指出，地震的生态影响包括：①主导生态功能减弱；②生态系统食物链结构改变；③自然保护区遭受严重冲击和破坏；④大熊猫及其生存面临威胁；⑤生态景观资源遭受严重破坏；⑥水生态系统面临严重影响。对灾区 COD 排放强度与省内、国内发达地区对比和预测，表明30 个重灾县市 2010 年经济总量承载力为 2 585 亿元，2015 年经济总量承载力为 9 390 亿元，可以支撑现有的人口规模和一定的产业发展规模。对阿坝资源环境

---

① 钱骏，等. 四川省汶川地震灾区环境承载力评估 [A] //四川省环境保护科学院. 中国环境科学学会环境规划专业委员会 2008 年学术年会论文集，2008.

承载力的专题研究则表明（尹稚，2009①），人居环境不适宜地区占了阿坝州极重及重灾区六县国土面积的 30%，覆盖 47% 的人口；较不适宜地区占 46% 的面积，覆盖 38% 的人口。而直接的结论是这一地区震前的超载人口为 11.66 万人，震前人口总数为 47.08 万人，超载率为 37.5%。而另一份与 2020 年实现小康目标相挂钩的研究结论也反映出，七个县至 2020 年如实现小康社会并考虑到资源环境承载力应迁出 45% 的人口。如能超过小康指标实现中等富裕则应迁出 55.6% 的人口。尽管具体数据有所不同，但趋势指向是高度一致的，即：阿坝州重灾区的原有发展规模已超出了资源环境的合理承载范围，震后安全意识的提高、次生灾害的加剧还会进一步削减其可安全使用的土地资源，而对更高生活质量的追求与有限资源间的矛盾会更加突出，显然简单重复灾前的发展规模和道路是不可取的。留在当地的 45%~60% 的人口如何安置最重要的是重新思考发展的道路。在《绵阳灾后重建规划》中则专门探讨了绵阳的资源环境承载力问题。该规划指出，汶川地震后，沿活动性断层形成了大量潜在次生山地灾害，易发区面积有所扩大，在较长时期内对灾区产生一定的危害，特别是震后的 10 年，次生山地灾害会在一定范围内造成影响。耕地面积下降，植被受害严重，水源涵养能力降低，山地生态环境极度退化，影响水资源与水环境。尽管绵阳水资源丰富，环境容量较大，但限制人口承载力的主要因素——可利用土地资源缺乏，后续发展土地支撑能力极弱，未来区域土地环境、资源和粮食等条件的承载人口能力十分有限。

回顾两年的重建历程，我们发现，2007 年 39 个重灾县市地区生产总值为 2 166 亿元，2009 年 39 个重灾县市地区生产总值已达到 2 582 亿元。在部分极重灾区，经济以超过 50% 的速度在增长，整个灾区的经济发展表现出了加快的态势。除少数县市经济萎缩外，大部分县市的经济增长均表现出大幅度上升态势（见图 3-7）。按照 2010 年经济发展的态势，本年度经济增长还会保持一个较高的水平，那么在 2010 年年末，经济增长突破理论研究所设定的资源环境承载力边界是完全肯定的事。如果理论研究的边界指标有合理性，那么过快的经济增长就会对自然环境和社会形成巨大的发展压力。

（二）地震重灾区生态环境重建与灾区产业重建不协调

在《汶川地震灾区工业恢复重建规划》中，对重灾区的工业发展有具体的规划。对于发展的困难，规划指出："规划区内人均拥有耕地减少，资源环境承载力下降，灾害治理、生态修复、环境保护任务十分艰巨，部分地区可供建设的空间狭小，许多地区已不具备通过就地发展工业解决就业的基本条件。企业损毁严重，部分企业贷款基本条件缺失，项目固定资产投资和流动资金缺口巨大。规划区内企业特别是广大中小企业自救能力有限，就业压力加大，急需政府加大资金、政策支持力度。采矿业受损严重，重要原材料需要从区外调入，随着恢复重建的全面推进，煤电油气运将更趋紧张，生产要素保障困难。"同时，对于各县

---

① 尹稚. 对阿坝州灾区重建规划的思考 [J]. 城市发展研究，2009 (4).

（市、区）的产业规划有较为详细的表述（见表3-4）。

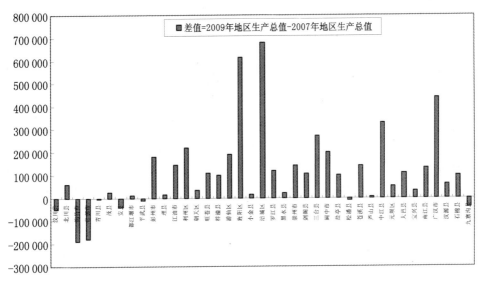

图3-7　2007年、2009年重灾区各县市地区生产总值差值比较（单位：万元）

表3-4　《汶川地震灾区工业恢复重建规划》各县（市、区）产业规划定位

县 （市、区）	主导产业	特色产业	配套产业
大邑县	冶金、机械	轻纺、建材	食品
都江堰市	机电、软件	建材	软件
彭州市	医药、化工	家具制造、建材	食品
崇州市	家具、制鞋	新型建材、食品	皮革、包装
旌阳区	装备制造、天然气、化工	新材料、电子、食品	机械加工
中江县	农产品加工、纺织丝绸	机械制造、电子	包装印刷、皮革
罗江县	化工、农产品加工	机械、电子材料	树脂化工
广汉市	装备制造、医药	石油机械	食品、服装、建材
什邡市	食品、化工、建材	石油机械、服装	机械加工
绵竹市	磷化工、食品	纺织、医药、建材	玻璃制品、机械加工
涪城区	电子信息、汽车制造	数字视听、汽车及零部件	电子元器件、电子材料
游仙区	化工新材料	汽车零部件	医药
三台县	纺织印染	服装、中医药	农产品加工
盐亭县	农产品加工	—	丝绸
安县	精细化工、电子	造纸、建材	—
梓潼县	农产品加工	—	—
北川县	水电、建材	农产品加工	—
平武县	水电、矿产	农产品加工	—

表3-4(续)

县 (市、区)	主导产业	特色产业	配套产业
江油市	机械、建材	电力、特种钢材	金属制品
利州区	冶金机械、纺织服装	农产品加工、新型建材	木材加工、包装
元坝区	农林产品加工	煤焦化	机械加工
朝天区	农产品加工	光伏、矿产品加工	建材
旺苍县	煤电、建材	钒钛钢铁、农产品加工	机焦、硅原料
青川县	矿产品加工	农产品加工、硅原料	新型建材、精细化工
剑阁县	农产品加工	新型建材、纺织服装	多晶硅产业
苍溪县	农产品加工	天然气综合开发利用	包装、新型建材
南江县	铁精矿、煤炭	建材、农产品加工	—
阆中市	丝绸、食品	能源、医药、化工	皮革、机械
汉源县	水电及载能产业	铅锌冶炼、农产品加工	铅锌深加工业
宝兴县	石材、载能产业	林产加工	石雕
石棉县	水电	载能产业、建材	—
芦山县	建材、纺织	新材料	
汶川县	水电	建材、藏药	民族旅游用品
理县	水电	盐化工、绿色食品加工	硅铁矿山
茂县	水电	旅游产品加工	化工
松潘县	矿产	水电	民族旅游用品
九寨沟县	水电、矿产	农产品加工	民族旅游用品
小金县	水电	农产品加工	民族旅游用品
黑水县	水电	—	民族旅游用品
马尔康县	水电、矿产	农产品加工	民族旅游用品

如果我们细致地考察各县（市、区）的产业规划定位，可以发现与震前并无太大变化。换言之，震后产业发展规划实际上是震前产业发展格局的延续，所不同的是部分受损产业的空间布局有所改变而已。例如阿坝州的水电，在震前是州工业主导产业，在未来的发展中，水电依然会是阿坝州受灾县的主导产业。一方面是工业经济格局的未变化；另一方面是因灾可利用土地面积的下降和生态服务能力的下降，工业产业发展与生态环境之间的矛盾愈加突出。

工业经济快速发展是灾后两年来重灾区的一个突出现象（见图3-8、图3-9）。2009年重灾区工业经济增速最快的超过6.5倍，最慢的也有14.8%，平均增速50%，除开增速特别快的理县、茂县、黑水县和汶川县外，平均增速达到24.54%。回顾震前2007年工业经济的发展水平，39个县市工业经济平均增速31.71%，两相比较（见图3-10），可以发现尽管2009年整个工业经济表现出超快发展的态势，但比2007年还回落了7.17%。大部分重灾县市的工业经济不同程度地出现了放缓局面，最多的剑阁县回落超过 20%。这与整个宏观经济形势有关。而受灾严重的阿坝汶川、理县和茂县工业经济的快速增长，则是灾后工业产业快速恢复的结果。2010 年 1～10 月，51 个灾区县（市、区）规模以上工业增加值同比增长 26.5%，增幅比四川省平均水平快 2.5 个百分点，比前三季度加快0.8 个百分点。39 个国定重灾县（市、区）规模以上工业增加值同比增长25.6%，其中，10 个国定极重灾县（市、区）规模以上工业增加值同比增长28.1%。总体而言，工业经济作为产业恢复重建的重要一环，在整个灾后重建中受到了重点关注。随着灾后重建第一阶段的完成，对口援建向对口合作转变，可以预见重灾区工业经济还会迎来一个大发展时期。

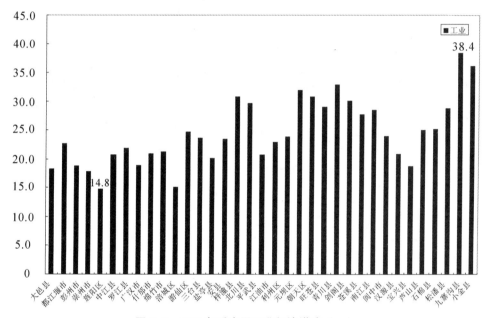

图 3-8　2009 年重灾区工业经济增速（一）

产业在灾后的迅速恢复是保持地区发展的关键之举，只有产业恢复了，地区经济、社会的发展才能有内生的动力，区域自我发展能力才能提高。但核心问题在于，延续灾前的产业发展格局，仅仅在空间结构上对产业布局进行调整，以避开生态脆弱区域，是否就能够实现产业发展与生态恢复重建的协调？一方面是快速发展的工业产业引致的对土地、水、能源的大量需求，另一方面是资源环境承载能力的下降，其中的矛盾显而易见。2009 年工业经济增速放缓这一现象再次表明，在生态环境脆弱和经济发展较为落后的区域发展工业产业，产业本身的初级性难以避免，依靠资源输出来获取利润的运作模式无法改变，工业产业低端化是发展的必然结果，长此以往，产业升级优化无从谈起，产业对生态环境的压力只会与日俱增。

灾后重建给了我们一个契机来重新审视过去发展路径的合理性。在过去的两年中，我们抓住了契机，推动了住房、社会发展基础设施和部分产业的恢复与重建，取得了良好的效果。在两年后的今天，在进一步推动灾后重建的进程中，经

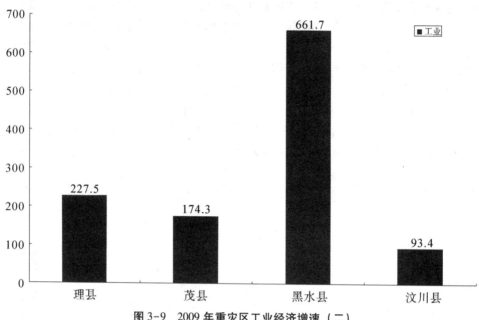

图 3-9 2009 年重灾区工业经济增速（二）

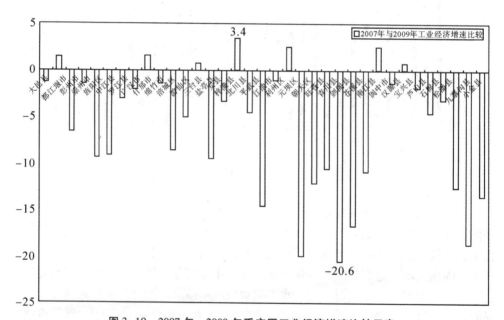

图 3-10 2007 年、2009 年重灾区工业经济增速比较示意

济发展、社会发展与生态恢复重建之间的协调应当摆到议事日程上来，在产业发展的进程中更多地考虑生态的硬约束，考虑产业与环境之间的相互协调性。

（三）地震重灾区生态环境重建与灾区住房重建不协调

住房重建是整个地震灾区第一阶段恢复重建的重要任务之一。四川省于 2008 年 6 月启动农房重建工作，需维修加固的农房已于 2008 年年底全部完成，原核定需恢复重建的农房于 2009 年年底已全部完工。因受余震和地质次生灾害等因

素影响，新增的 19.61 万户重建农房，已于 2010 年 5 月底前全部完工。截至
2010 年 9 月 3 日，四川省需重建的城镇住房累计已开工 25.86 万套，开工比例达
99.79%，其中建成 23.46 万套，建成比例为 90.55%。灾后城乡住房重建，按照
"安全、宜居、特色、繁荣、文明、和谐"的原则，坚持科学选址、规划先行。
在认真做好震情、灾情评估和地质地理条件、资源环境承载力分析等基础上，遵
循"避开地震断裂带、避开地质灾害隐患点、避开行洪通道"的"三避让原
则"，确保选址科学、安全、可靠。据四川省住房和城乡建设厅有关负责人介绍，
住房和城乡建设部曾三次组织全国相关专家对四川省重建工程项目质量安全进行
督查。专家开展督查后认为，四川省灾后重建项目完全处于受控状态，地基基础
和主体结构安全牢固，工程质量整体良好，在多次余震和近期特大山洪泥石流灾
害中，经受住了严峻考验。

但大规模的住房重建和废墟清理对灾区生态环境显然存在以下三个方面的
影响：

1. 废墟建筑垃圾的清理问题

这一问题在相关的公报和文献中均未涉及，唯一可见的就是建筑垃圾的资源
化利用项目上马。而就这些项目的消化能力看，远远不能满足清理建筑垃圾的需
要。那么可以假定，大量的建筑垃圾是按照传统方式处置的。由此形成的对于生
态环境的影响会在今后数年内逐渐显露出来。

2. 大规模住房重建对土地利用结构的影响

重灾区，尤其是极重灾区，可以利用的土地本来就较少，大规模的土地用途
改变会进一步加剧人地矛盾，减少未开发利用土地的规模，增加对生态环境的压
力。以重灾区什邡为例，按照《四川省什邡市汶川地震灾后重建土地利用实施规
划》的描述，辖区面积中平坝 356 平方公里，浅丘 11 平方公里，山区 496 平方
公里。据 2007 年土地利用变更调查统计资料，什邡市土地总面积为 86 201.66 公
顷，其中农用地面积为 73 022.13 公顷，占土地总面积的 84.71%；建设用地总
面积 7 706.81 公顷，占土地总面积的 8.94%；未利用土地 5 767.77 公顷，占土
地总面积的 6.69%。全市农用地中，耕地面积 23 746.07 公顷，占全市土地总面
积的 27.55%，其中基本农田面积 20 153 公顷。汶川大地震发生以后，农用地受
损相当严重，受灾总面积超过 50 000 公顷。其中全市受灾耕地总面积为 98 313
亩，折合为 6 554.2 公顷（可复垦 6 302.23 公顷），其中可恢复耕地面积
94 533.5 亩，折合为 6 302.23 公顷，灭失耕地面积为 3 779.5 亩，折合为 251.97
公顷。受灾建设用地总面积为 51 255 亩（约 3 417 公顷），其中城市建设用地损
毁 1 010 亩（约 67.33 公顷），建制镇损毁 8 473 亩（约 564.85 公顷），农村居民
点损毁 34 484 亩（约 2 299 公顷，可复垦 1 722.7 公顷），独立工矿损毁 3 739 亩
（约 249.26 公顷），其他建设用地为 3 549 亩（约 236.6 公顷）。而灾后重建用地
的总规模为 2 704 公顷，主要包括过渡性安置用地 600 公顷和永久性用地 2 104
公顷。其中城镇建设用地共 996 公顷，包括城市用地 879.33 公顷和乡镇建设用
地 116.67 公顷；农村居民点用地需求总规模为 544 公顷；基础设施和工矿地为

564 公顷。在这样的土地利用结构下，要缓解紧张的人地矛盾，灾后恢复重建必然要形成新的土地开垦需求。这还是在条件较好的地区。在人地关系更为紧张的山区，住房恢复重建选址受到极大的限制，很多被迫在危险的灾害区域重建，恢复重建中的爆破、开挖、切坡等人类活动，都可能诱发、加剧或产生新的地质灾害，增加防治工作难度。

3. 住房重建中大量建筑材料的本地化生产必然会对环境造成新的伤害

在住房重建中，水泥、砖等建筑材料需求量巨大。例如剑阁县在 2009 年 3 月 20 日之后，每天红砖需求量在 1 000 万匹以上，县内特供只有 100 万匹 (0.32 元/匹)，其他 900 万匹必须依靠外购，而外购砖价格较高 (含运费 0.6 元左右/匹)，农民接受不了。在这样的情况下，建筑材料的本地化生产就成为灾区的必然选择。众所周知，小规模的建筑材料生产企业会存在较为严重的污染问题。尽管由于缺乏相应的监测，因建筑材料生产所形成的环境污染问题目前尚难以做出科学的评估，但污染确实存在，且越到农村的集镇地区，污染的情况越严重。此外，住房重建中，生态资源的直接消耗也相应增加。按照国家林业局的相关文件，地震后，我省森林采伐限额增加 1 572.96 万立方米，出材量 786.48 万立方米，并等量增加年度木材生产计划。其中：2008 年采伐限额 943.78 万立方米，出材量 471.89 万立方米，2009 年采伐限额 629.18 万立方米，出材量 314.59 万立方米。

站在今天的立场上，住房重建对生态环境所造成的压力问题，是事后的不协调。住房重建已告一段落，其对环境的压力是潜在的和既定的。当前所要做的，就是积极对潜在的风险因素进行评估，通过必要的监测体系的构建和运行，监测其对环境的影响，为日后的治理打好基础。

(四) 生态环境恢复重建中部门间的协调问题

在当前的生态恢复进程中，政府是主体。自上而下的单一投入机制使得政府在生态恢复重建决策和实施中扮演着重要角色。由此，政府内部部门之间是否协调就成为生态环境恢复重建能否顺利进行，能否成为整个灾后重建中重要一环的关键所在。按照国家灾后重建规划的要求："灾区各级人民政府要建立恢复重建领导机构，省级人民政府对本地区的恢复重建负总责，统一领导、统筹协调、督促检查恢复重建规划的实施，市、县级人民政府具体承担和落实恢复重建的主要任务"；"灾区省级人民政府要根据本规划制订恢复重建年度计划，明确重建时序，落实责任主体"；"灾区市、县级人民政府要在省级人民政府指导下，编制本行政区恢复重建实施规划，具体组织实施。根据需要编制或修改相应的城乡规划"；"可以分解落实到县级行政区的重建任务，由县级人民政府统筹组织实施。主要是农村住房、城镇住房、城镇建设、农业生产和农村基础设施、公共服务、社会管理、商贸以及其他可以分解落实到县的防灾减灾、生态修复、环境整治和土地整理复垦等"。回顾两年的重建过程，目前政府在部门之间的协调方面还存在以下几个方面的问题：

　　1. 目标不协调

　　根据国家重建规划的界定，在生态修复重建战略的实施过程中，显然存在两个明确的政府行政部门主体：一是相关的环境职能部门，例如环境保护、林业、国土等；二是县级人民政府。前者作为专门的环境职能部门，具备专门的业务队伍和技术支持，可以对生态恢复重建设定的目标有明确的认识和理解，可以较为严格和忠实地执行重建任务，完成重建目标。而县级人民政府是综合性行政部门，一方面不具备足够的专业队伍和技术能力，以保证对规划的生态恢复重建目标的正确理解，另一方面灾后重建的复杂局面也会使得政府在生态恢复重建目标和经济、社会发展目标之间摇摆，最终按照投入资金的多寡来决定行动的先后顺序。

　　这是一种典型的条块分割的管理局面。所带来的最大问题就是条块之间目标不协调，由此导致了实施的不一致。专业技术部门更关注生态修复重建技术指标的达成，而县级政府则更关注生态修复是否会造成对本地经济社会发展的负面影响。即使没有地震，在生态环境本身就非常脆弱的川西山地，这样的目标矛盾就一直存在着。作为长江上游的生态屏障，川西北高原地区整体上处于限制和禁止开发地区，无论是政策还是自然地理、交通环境，都限制着现代化产业的发展；而当地经济的落后和居民的贫困，又使得地方政府有强烈的发展经济的冲动。要保护还是要发展，在区域发展战略中，成为一种非此即彼的选择。在全省工业加快发展的浪潮中，灾区要不落后，也需要发展自己的工业产业。由此，依托富裕的能源和矿产资源，灾区发展了相当规模的资源型产业，成为地区经济的主导。而工业经济的兴起对地区生态环境形成了更大的压力，使得环境更加脆弱。在当前的发展格局和制度安排下，对于地方政府而言，不可能因为保护的目的而放弃发展的空间。从灾后重建实施两年的过程上看，重建并未改变这一基本的态势，生态保护和发展之间的矛盾并未得到针对性的解决。

　　由此形成的生态重建，表现出了"点"与"面"的差异，在一些重点项目的实施领域，生态恢复重建的目标实现得很好，而在更为广泛的灾区，生态重建在实际上让位于经济和社会的重建。这是体制性问题，不可能因为政府官员对生态问题认识水平的提高而变化，也不能指望依靠生态修复技术水平的提高来加以解决，只能通过机制的设计与组织的调整，通过统一的机构来对生态系统恢复重建进行协调，两个层次上的政府执行主体所确定的生态恢复重建目标才有可能统一。

　　2. 资金不协调

　　条块分割下的生态建设投入，由上一级相关职能部门按照一定的比例分配给下级部门加以管理和使用。不同的项目往往有不同的实施主体，涉及生态恢复重建部门很多，例如环境保护、林业、建设、河流管理、产业等等，不同的项目分属不同的部门，条块分割严重，导致资金使用分散，效益不佳。对于生态恢复重建资金，财政部门和相关各部门之间以及各部门内部机构之间还没有形成一个有效的协调机制，基本上是各自为政，资金使用分散和投入交叉重复现象比较

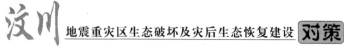

严重。

采取资金打捆使用的做法，也存在很大的问题。灾区的建设尽管投入很大，但资金的缺乏还是普遍现象。打捆使用资金有可能使得本来专项使用的生态恢复重建资金被挪作他用。接受的社会捐助资金也很难被用于生态恢复重建方面。有些地方为弥补生态重建资金不足，往往引入企业，进行商业化运作，在产业发展的同时也顺带实现生态恢复重建的目的。尽管立意是好的，但在实际操作过程中，引入企业资金进行建设开发，对于生态保护来说，却是极其危险的"双刃剑"：企业商业化资金的引入有利于生态林的开发建设，但企业的商业化资金要实现经济效益，就要在既定的期间内通过投入创造出产出。而投入这种企业基于利润目标的短期商业行为有可能加大对生态系统的损害。如果管理控制不严，甚至可能异化为房地产开发，威胁生态环境。

3. 运作不协调

生态恢复重建是一个自然力和人力共同作用的过程，在某些特定的领域和环节上，需要人力的集中投入，但在大部分时间内，自然力的作用更为关键。因此，生态恢复重建是一个对推进顺序有很高要求的过程。它不是一个平行推进的过程。例如生态基础设施的恢复，如果在灾后立即实施，就有可能会遭受二次灾害的打击而在此损毁。同样，生态服务功能的恢复，也必须等到生态系统本身恢复达到一定的水平之后才能够实现。因此，在生态恢复重建过程中，政府作为执行的主体，应当对恢复重建的次序有明确的事前界定。在多头的管理模式下，这样的界定更为重要。

在国家的灾后恢复重建规划中，对于这一顺序并没有具体明确的表述。这就使得在生态恢复实践中地方政府作为执行主体有很大的自由决定权。在过去两年的实践中，我们发现，大多数生态恢复重建的执行主体都采用了"三年的任务两年完成"的目标，加快了生态恢复重建的步伐，从而在事实上形成了生态恢复重建各项工作平行推进的局面。由于执行部门之间缺乏必要的沟通，工作之间的相互配合还存在一定的问题。例如灾害监测和预警得到了完善，但生态监测和预警体系的建设还相当滞后，如何使两个体系合而为一的问题还没有得到妥善的解决。例如在城镇恢复重建中城镇生态环境问题得到了重视，而相对地，自然生态环境恢复与重建投入力度和重视程度则远远不够，两个方面的工作由于有不同的执行部门，沟通与交流存在问题。

（五）生态环境恢复重建中的政策问题

生态环境恢复重建的政策设定，主要应达到以下目的：其一，确认生态恢复重建在整个重建规划中的地位和作用；其二，建立社会经济系统和生态系统恢复重建之间的必要制度性联系，即治理问题；其三，保证生态环境恢复重建的投入规模和投入结构；其四，培育恢复重建工作的恰当管理机制；其五，落实生态补偿的实现机制。以下，我们针对上述五个方面，对我省灾后生态恢复重建政策进行分析。

1. 整体政策定位问题

在自然灾害的国际实践中，生态环境和系统的恢复重建在整个恢复重建工作中居于首要地位。其处于首要地位，主要体现在以下方面：①生态系统的恢复内在包含社会和经济系统的恢复重建。换言之，社会和经济系统的恢复重建必须在生态系统恢复重建的框架下加以考虑。②所有重建工作的起点和重点都是对生态环境的科学评估。③环境部门成为整个恢复重建的主导部门。重建过程中恰当技术的运用、重建工作的统筹安排都在环境部门的协调管理下展开。在这样一个重建进程框架下，生态系统重建的内容实际上涉及了在灾害发生情况下环境变化的所有因素，并进行统筹应对和管理。由此所形成的重建过程，与着重考虑社会经济系统恢复的重建政策相比较，其周期自然更长。

以此模式来对当前的灾后重建政策定位进行比较，可以发现，四川省的生态环境恢复重建政策在整个重建规划中并没有居于这样的首要地位，而是与社会系统和经济系统恢复重建并行，成为重建的三大任务之一。由此生态环境恢复重建所包含的内容，也仅仅限于应急性环境处置、自然生态系统恢复和减灾三个领域，较为狭小。应急性环境处置讲求处置的时效性，例如灾后环境污染问题、次生灾害问题，其处置思路与恢复重建思路是不同的，着重点、工作模式也有较大差异。尽管其非常必要，但在一个长期的生态恢复过程中，应急性处置并不居于核心地位。如果生态恢复重建将主要的资源都投入到这一领域中，而不致力于解决导致生态脆弱性的基本矛盾，则无异于舍本逐末。自然生态系统恢复是生态恢复重建的重要内容，其重点在于生态作为灾区社会经济系统的载体，能否提供必要的生态服务，以促进社会和经济系统的恢复重建。自然生态系统的恢复是自然力和人力共同作用的结果，自然力为主，人力为辅。在灾后重建的初期，考虑到生态系统本身趋于稳定需要一定的时间，人力的投入往往会限制在一定的范围内。因此，相对于社会、经济系统的恢复重建而言，在重建初期生态系统恢复重建的投入较小。如果整个恢复重建不是以生态恢复重建为重点，那么作为重建工作执行主体的政府，就会倾向于将更多的政策资源投入社会经济系统重建中，而一个快速恢复重建起来的社会经济系统又会对下一步生态重建工作的推进造成压力。在减灾方面，灾后重建初期的投入重点在于灾害监测和预警方面，至于生态基础设施的投入则要等到生态系统服务功能基本恢复之后才能有实质性的投入。这是生态重建的基本规律。因此，这一部分在重建初期的投入也不大。综合以上三个方面，可以发现，整个生态系统的恢复重建在灾后重建初期的投入不大，如果以此为据，来决定重建工作的位序，很可能导致生态环境和系统恢复重建在整个重建工作中失去位置，成为无关痛痒的投入。

在当前四川省灾后恢复重建中，这样的情况正在发生。过去两年重建的重点是住房和城市基础设施的恢复与重建，未来几年重建政策作用的重点在于灾区产业的发展。如果不把生态环境和系统恢复重建提高战略的高度加以考虑，那么灾区先污染再治理、以资源换收益、以环境换发展的局面将再一次出现。灾区本来就存在较大的环境危机，自然灾害的发生进一步增加了环境的脆弱性，以发展的目的在一个本来就已经十分脆弱的环境上重建我们的社会和经济系统，也许可以在短期内实现发展的目的，但环境硬约束的存在使得灾区发展的前景十分令人担忧。

政策定位问题之所以会出现，既与我们对于灾区环境脆弱性的认识不足有关，也与当前社会经济发展的思路有关。例如，灾区的产业发展是否需要像其他地区一样，以工业化进程的快速推进来带动经济系统的演进和社会建设的完善？灾区是否需要一个更加适合自身实际的社会发展模式，还是仅仅复制发达地区成功模式就可以实现既定的目标？更为根本的，经济发展与社会建设是否就是灾区恢复重建的全部？所有这些问题及其在现实利益考量下的答案，都使得生态环境恢复重建难以成为重建工作的首要任务。

2. 治理机制构建问题

汶川地震灾区具有重要的生态服务功能，是四川和长江中下游地区重要的生态安全屏障。灾区是大渡河、岷江、涪江和沱江的主要水源区，在这些河流的中下游地区有四川省和重庆市最重要的工农业、城镇、人口集聚区和最发达的经济区。河流径水量、水质、环境状况等问题关系到四川盆地数千万人口的生产生活用水安全，关系到整个流域的经济社会发展前景，生态服务功能十分重要。在这样的区域进行生态恢复重建，既是对地震所造成的生态损害的及时反应，也是对长期以来这一区域生态系统退化的补偿。

以生态恢复重建为核心的灾后重建，就是要将环境可持续的目标纳入经济和社会发展的过程中来。这一种界定实质上为灾后重建发展设定了一个多重目标，并且这些目标之间的相互冲突特征较为明显，尤其是对灾区这样依然处于严重依赖资源工业来实现经济增长的体系而言更是如此。要实现发展的生态化，不仅仅是产业改造或转移这样的措施所能完成的，更为重要地，必须实现灾区经济发展于社会的内生化、于环境的内生化。所谓"于社会的内生化"，是指灾区经济系统作为社会的有机组成部分之一，其所秉承的价值与社会的主流价值一致；所谓"于环境的内生化"，是指灾区的经济活动也应当是环境生态系统的有机组成部分之一，既有从系统中获取资源的权利，也有为系统提供资源的义务。只有内生化于社会的经济系统才能为区域社会的发展提供能量；只有内生化于自然环境中的经济活动才能真正以环境的可持续发展为自身的目标，通过环保技术的推广采用来提高盈利能力的诉求才是可持续的。

要实现这样一个恢复重建目标，就需要灾区居民、社会、政府乃至更为广大范围内的社会组织和个人的共同参与。其意义在于：只有灾区居民亲身参与到生态恢复重建的进程中，才能使得生态恢复重建与居民生计的恢复结合起来，实现发展与生态保护的协调统一。只有灾区社会对生态恢复重建达成共识，当生态恢复重建与社会、经济系统恢复重建存在两难选择时，才能将生态恢复重建放在优先的位置加以考虑。只有更为广大范围内的社会组织和个人能够以自己的方式参与到生态恢复重建进程中，以生态补偿为基本机制的恢复重建才是可持续的。而当前，生态恢复重建的决策和实施主体是政府，尽管这样的制度安排有其经济和社会基础，在当前情况下是符合灾区重建进程要求的恰当机制，但政府主导实际上意味着多元化治理机制的缺失。同时，单独依靠政府的决策和执行来推动生态恢复重建，在实践中所表现出来的缺陷也是明显的：一是政府对生态恢复重建优先性的认识有其具体的利益考虑，对整个地区有利的生态决策放到具体的地方政府那里就未必是必要的。二是政府投入的规模有限，可以采取的投入方式更为有限。政府的角色定位使得其投入更多地限制在生态公共基础设施方面。而这一内容只是灾后恢复重建的一个部分。三是政府不具备必要的生态技术知识，也无法对特定的生态技术知识进行必要的评估。因此政府推动生态恢复重建，往往还要依靠社会和经济组织来完成。由此形成的多余委托代理环节，在事实上降低了重建的效率。

因此，在生态恢复重建中，有必要确立多元化治理机制来形成可持续的生态修复。这样一个机制包括三个必要的环节：一是灾区居民、社会参与重建的恰当决策机制构建；二是灾区居民、社会参与重建的恰当实施机制构建；三是灾区居民、社会参与重建的恰当评估机制构建。目前，在决策机制上，重建规划和政策有较多的表述，但是在实施和评估方面，相关的政策表述还相当缺乏。而作为一个持续时间会超过十年以上的项目，其实施与评估的多元化参与才是保持项目运转动力的关键所在。

3. 投入机制构建问题

在《汶川地震灾后恢复重建生态修复专项规划》中提出，生态恢复重建资金依靠政府投入、社会募集、国外优惠紧急贷款和市场运作来获得。在实际的运作中，资金的投入和使用主要依靠政府管理。以下以欧洲投资银行（EIB）对四川生态修复项目投资为例进行说明和分析。

地震后，2009 年 4 月 14 日，欧洲投资银行向四川省部分极重和重灾县（市、区）提供的 1.6 亿美元紧急优惠贷款（Sichuan Forests & Reservoirs Reconstruction），贷款期限 25 年，其中包括 5 年宽限期，利率为固定利差浮动利率，无承诺费、先征费、管理费及评估费。贷款的本金和利息由中央财政统借统还。贷款将用于：对灾区病险水库（528 个水库）进行治理，彻底消除渗漏危害，恢复蓄水、拦洪和调峰功能；实施灾区生态修复工程（大约 12 万公顷森林），恢复植被，改善生态环境。整个项目预计成本为 3.37 亿美元。2010 年 5 月，为配合项目实施和管理，四川省出台了《欧洲投资银行优惠紧急贷款汶川地震灾后重建生态修复项目实施管理办法》，加强资金利用管理。2010 年 11 月 10 日，优惠紧急贷款项目的第一笔预拨资金 8 244.71 万元，已拨付到部分项目市、县财政局，项目资金拨付占计划的 15%。其中，拨付到四川省项目办 78.59 万元，拨付到成都市 2 674.71 万元、绵阳市 1 742.47 万元、广元市 2 068.86 万元、巴中市 236.09 万元、什邡市 381.80 万元、江油市 195.57 万元、三台县 866.61 万元。

在项目资金的具体管理方面，以××县为例，为顺利推进国外优惠紧急贷款灾后重建项目，加强项目管理，对该项资金实行政府行政领导负责制。县政府成立了以县政府领导为组长、副组长，发改、财政、国土、农业、林业、监察、审计等相关部门主要负责人为成员的国外优惠紧急贷款灾后重建项目领导小组，负责本县国外优惠紧急贷款灾后重建项目的领导工作。其主要职责为：研究决定事关项目建设和管理全局的事项，审定项目方案、投资方案、机构方案、重要规则和规章、中期计划调整方案、实施细则等，协调解决项目全过程中的重大问题和各相关部门之间的关系，研究决定事关项目建设和管理的其他重要事项。项目具体的管理机构包括县财政局、林业局、项目办；实施机构指具体实施灾后重建生态修复项目并最终使用欧洲投资银行优惠紧急贷款的部门或单位，包括县林业科技推广站、国营苗圃、调查规划设计队、镇农村发展服务社、农村专合组织等。项目实施机构具体负责各子项目的实施，并接受欧洲投资银行和国内有关部门的管理和监督。林草植被恢复项目由镇农村发展服务社、农村专合组织、农村协会等组织实施。种苗、肥料、森林保护能力建设设备及封山育林的农药等物质，除防火车由省林业厅统一采购外，其他物质由县林业局采购；人工造林的农药由于存在使用品种多样性、数量不确定性、使用时间突发性等问题，统一组织和招标采购都比较困难，所以由镇政府统一采购；封山育林的封育碑、宣传碑、围栏的制作和安装由县林业局统一组织实施。具体实施程序是：首先根据县项目办编制的规划，选择项目实施地点，确定各项目的建设方式，开展初步设计，并向县林业局报告初步设计构想，县林业局根据镇提交的报告，组织设计队进行现地核实项目实施的可行性，选择符合建设条件的进行施工作业设计，县林业局与农村发展服务社、农村经济发展组织、专业合作社等单位签订项目施工合同，明确项目建设内容、工程质量标准、资金的兑付方式、双方的责权利，保证项目的实施。在材料采购方面，采取公开招标、单一来源采购、邀请招标、竞争性谈判和直接合同采购等形式进行。

由以上的安排可以看出，政府作为投入资金的主要负责单位，在生态恢复重建实施上扮演着举足轻重的地位。生态恢复重建作为重要的公共基础设施建设，在资金的投入使用上，政府应当发挥积极和重要的作用。欧洲投资银行项目的运行，从制度设计上看非常具体，项目资金的投放、使用主体明确，实施监测标准清楚，验收程序规范，是资金投入机制构建的一个典型案例。不足方面在于项目实施主体，例如植被恢复中的镇农村发展服务社、农村专合组织、农村协会等组织，本身并不是独立的经济活动主体，对其进行严格的投入产出评估较为困难，由此可能影响项目实施的效率。

4. 管理结构设定问题

在生态恢复重建过程中，投入只是一个方面，项目的顺利实施和生态系统的管护是更为重要的内容。从目前的实践情况看，在项目实施管理中存在以下问题：一是林业生产设施建设项目中的子项目多，基建工程报批程序工作量过大，建设用林地及城乡规划用地办证、拆迁工作进展缓慢，影响了开工进度。二是林地资源调查，因涉及多单位多程序，工作难度较大，林地恢复整治项目安全隐患较多，勘查设计难度大且周期长，经费缺口大。三是生态修复周期较长，因地震和暴雨引发山洪、山体滑坡等，也影响了项目工期的正常推进。在后期管理方面存在以下问题：一是植被恢复后的管护工作难度大，因受季节和资金拨付影响，受到一定程度的制约；二是整个林业灾后重建资金缺口较大，后期投入难以保证；三是居民生态保护意识缺乏，相关宣传工作还需加大力度。

恰当的后期管理制度是保证现有生态恢复重建工作能够持续发挥作用的关键。在这方面，既需要灾区居民的参与，更需要资源的持续投入。这一问题的解决仅靠目前的县级政府相关工作人员和工作经费是难以做到的。有必要采取措施，加大对生态系统恢复重建后期的投入，加强目前管理机构的工作能力，提高管护水平。

5. 生态补偿实现问题

地震灾区灾后生态环境和系统恢复重建的可持续发展，最为重要的制度和政策设计就是生态补偿。生态补偿是以保护和可持续利用生态系统服务为目的，以经济手段为主调节相关者利益关系的制度安排。通过建立和完善生态补偿等投入机制，扩大生态建设资金来源，动员社会力量参与生态建设和保护，并对生态保护区进行严格规划和管理控制，保护和促进生态建设。

长江上游地区的规范生态补偿机制，尽管有很多的讨论，但一直未建立起来。我们通过天然林保护工程和退耕还林工程，以专项转移支付的形式在一定程度上实现了生态补偿，但是仍然存在补偿标准低、补偿力度小的问题。地震后，我们通过对口援建这种临时性政策安排，推动灾区重建工作，实现了三年任务两年完成的重建目标。从生态补偿的角度看，对口援建也是一种隐性的补偿形式。无论是项目式的补偿还是临时性的政策安排补偿，当项目和政策额的期限来临之际，生态补偿区的生态修复资源需求都将面临重新谈判的问题。在天然林保护工程、退耕还林工程的实施过程中，这一问题的弊害已经显现无遗。建立和完善生态补偿机制，是推进灾后生态恢复重建的一项重要措施，是社会主义市场经济条件下有效保护资源环境的重要途径，是统筹区域协调发展的重要方面。要持续地推进生态修复，就必须在政策上设计一种稳定规范的生态补偿机制，通过补偿主体的多元化，保证灾区生态修复的长期持续资源需求。

就目前的情况来看，以下几个方面的内容是重要的：其一，健全公共财政体制，调整优化财政支出结构，加大财政转移支付中生态补偿的力度。着重向重灾区、重要生态功能区、水系源头地区和自然保护区倾斜，特别是要优先支持生态环境保护作用明显的区域性、流域性重点环保项目。其二，加强资源费征收使用和管理工作，增强其生态补偿功能。进一步完善水、土地、矿产、森林、环境等各种资源费的征收使用管理办法，加大各项资源费使用中用于生态补偿的比重，并向重灾区、重要生态功能区、水系源头地区和自然保护区倾斜。其三，积极探索区域间生态补偿方式，支持生态脆弱区域加快发展。其四，积极探索市场化生态补偿模式，引导社会各方参与环境保护和生态建设，实现补偿主体的多元化。

第四章　灾后生态恢复重建的国际视角

　　生态恢复重建包括环境风险的排除、生态系统的恢复以及应对灾害的生态语境机制的建立。生态恢复重建是灾后重建这一系统工程的必要组成部分，其作用目标并非是单一的自然生态风险处置（短期）和生态系统的修复（长期），而是一个结合了社区重建、经济恢复和生态修复的综合过程。生态修复以社区重建和经济恢复为目标，而社区重建和经济恢复又以生态修复为约束。要对汶川地震灾后生态恢复重建进行深入认识与理解，有必要对国际灾后生态恢复重建的理论与实践进行必要的认知，通过比较，借鉴经验、吸取教训，更好地推动灾后生态恢复重建工作的顺利进行。

一、灾害重建的"生态系统模式"

（一）自然灾害与减灾：生态经济学的分析视角

　　对灾害及灾后生态恢复的探讨应建立在一个规范的概念体系之上。因此，要对灾害生态恢复的国际研究进行探讨，就必须对概念体系进行介绍。首先是灾害。按照 1992 年联合国《国际减灾十年》的界定，灾害是指社会的正常运转受到严重破坏，造成广泛的人、物或环境损失，超出了受影响社会单靠自身资源加以应付的能力。其次是自然灾害（Natural Disaster）。自然灾害是某种自然危害（Natural Hazards）对于具有一定水平脆弱性的社会经济体系产生影响的结果，这种脆弱性妨碍着受影响社会充分地应对这种冲击。自然危害本身并不一定造成灾害。产生影响的是自然危害与人及其环境之间的相互作用，使得自然危害的影响有可能达到灾难性的程度。再次是灾害脆弱性（Vulnerability to Natural Hazards）。灾害脆弱性是指一种状态，产生于人的行为或某种固有状态，反映一个社会受自然危害影响和威胁的程度。脆弱性的程度取决于人类居住区及其基础设施的状况、公共政策和性质部门从事灾害治理的方式、就危害和应对危害的方式提供信息和教育的水平等。灾害脆弱性可以分为物理环境脆弱性和社会脆弱性两种。前者是指自然生态环境本身不足以起到减轻灾害危害的作用，后者是指灾区社会无法对自然灾害进行有效的应对。从生态恢复的角度看灾害脆弱性必然包含了以上两层含义。最后是减灾（Disaster Reduction），即以避免或限制自然危害和相关环境、技术灾害的负面影响，在完善的信息及政治承诺基础之上，应对自然灾害的必要知识与技术的连续运用过程，以推动所有面临风险的社会超越传统的灾害应对方式，从事连续性的灾害治理。减灾是一个涉及多部门、多学科甚至多国家的综合性活动。

　　自然灾害与减灾的研究是当前生态经济学研究的一个重要领域。要理解发生在这一领域内的研究与实践，就必须把握当前生态经济学的基本分析框架。这一分析框架就是"协同进化"（Coevolutionary）（Norgaard，1994①）。作为一个分析框架，"协同进化"是目前生态经济学解释复杂社会生态系统的关键工具。在生物学中，"协同进化"的原意是指两个相互作用的物种在进化过程中发展的相互适应的共同进化。处于协同进化过程中的两个物种之间的关系既可以是协作的关系，也可以是竞争的关系。在生态经济学中，将"协同进化"的观念扩展到经济发展与自然环境之间的关系研究上，主要用以描述以下这样一种状态：经济系统、社会系统和自然环境是全球生态系统（Global Ecosystem）的子系统；当自然环境、经济发展或者两者均出现进化现象时（无论是变异、遗传还是自然选择），自然环境与经济发展之间的相互适应性变化（Kallis & Norgaard，2010②）。协同进化并非一个规范分析用语。所谓协同，也并非是指经济发展与自然环境之间的和谐关系，在协同进化的语境中，无论是自然环境中的要件，例如基因、人类和动物的行为等，还是经济发展中的要件，例如制度、技术、信仰、价值等，进化所形成的相互影响都是无处不在的。自然环境与经济发展之间的关系，可以是相互协调的，也可以是相互矛盾、竞争乃至冲突的。

对于这样一个相互适应过程的观察，主要基于以下五个相互要件展开：①价值（Values）；②组织（Organization）；③技术（Technologies）；④环境（Environment）；⑤知识（Knowledge）。按照侧重点的不同、涵盖系统的不同，"协同进化"包括以下五种机制：①生物系统内的协同进化（Biological Coevolution）（Thompson，2005③）分析，为生态保护和生物多样性的发展提供经济分析支撑。②社会系统内的协同进化（Social Coevolution）（Nelson，2002④），技术与制度、产业与科研机构、商业活动与组织、生产者与消费者、组织与环境等多对关系均被放在协同进化框架下进行分析，以探讨环保技术推广过程中所面对的组织障碍以及在环保技术影响下的商业组织变迁。对此类机制进行探讨历来就是经济理论的研究重点，无论是古典时期的亚当·斯密、马克思，还是新古典时期的马歇尔，抑或是现代的制度经济理论，对在多种因素影响下的组织变迁的探讨都是研究的重点。生态经济学的研究只是在新领域、新技术条件下对原有研究工具的再运用。③基因—文化的协同进化（Gene-Culture Coevolution）（Durham，1990⑤）。在这一机制中，基因是文化的前提，但文化的模仿、学习和交流决定人类的行为，进而影响人类的基因。因此，人的行为并不能完全被基因所决定，动态的、

① Norgaard, R. B. Development Betrayed: The End of Progress and a Coevolutionary Revisioning of the Future [M]. Routledge, 1994.

② Kallis, G., Norgaard, R. B. Coevolutionary Ecological Economics [J]. Ecologocal Economics, 2010 (69): 690-699.

③ Thompson, J. N. The Geographic Mosaic of Coevolution [J]. Energy Policy, 2005, 28: 817-830.

④ Nelson, R. R. Bringing Institutions into Evolutionary Growth Theory [J]. Journal of Evolutionary Economics, 2002, 12: 17-28.

⑤ Durham, W. H. Advances in Evolutionary Culture Theory [J]. Annual Review of Anthropology, 1990, 19: 187-210.

内生的社会文化也是影响人类行为的重要因素。④生物—社会协同进化（Bio-social Coevolution）（Noailly，2008①）。人类经济行为如何影响生物系统是这一机制关注的重点，例如农业生产中的害虫治理与对策，以及对杀虫剂产业进行规制的研究等等。⑤社会—生态协同进化（Social-Ecological Coevolution）（Odling-Smee et al.，2003②）。人类社会系统与自然生态系统之间的相互适应性变化是这一机制关注的重点，对自然灾害的研究与实践，正是在这一协同进化的机制下展开的（表4-1）。

表4-1　　　　　　　　　生态服务包含的内容③

供给服务	调节服务	文化服务	支持服务
1. 食宿（农作物、家禽、捕鱼业、水产养殖业、野生食宿） 2. 纤维（木材、棉花、麻类、丝绸、薪柴） 3. 遗传资源 4. 生物化学物、天然药材及药物 5. 淡水	1. 调节空气质量 2. 调节气候 3. 调节水源 4. 控制水土侵蚀 5. 净化水源、废物处理 6. 控制疾病 7. 控制病虫害 8. 授粉 9. 控制自然灾害	1. 精神和宗教价值 2. 审美价值 3. 休闲和生态旅游	1. 土壤形成 2. 光合作用 3. 初级生产 4. 养分循环 5. 水循环

（二）从"弱可持续性"到"强可持续性"

在当前生态经济学的研究中，按照资源的可替代程度，可持续性（Sustainability）可以分为"强可持续性"（Strong Sustainability）和"弱可持续性"（Weak Sustainability）。所谓"强可持续性"，是指经济活动所涉及的各种不同类型的资源中，至少有一种资源不可以被替代，或者必须被保持在一定水平以防出现不可逆转的损失。所谓"弱可持续性"是指经济活动所涉及的所有资源都是可以被相互替代的。④

灾害事件是生态环境渐进变化过程中的一个非线性变化。基于对灾害脆弱性的认识，对自然灾害的防治，必须瞄准脆弱环节。所谓脆弱环节，是指人类社会活动对自然环境的负面影响，例如"生态足迹"（Ecological Footprint）。按照联合国减灾署（ISDR，2002）的预测，到2030年，当全球人口达到80亿时，人类的足迹将涉及全球70%左右的土地。⑤ 与人类社会载体扩张所对应的，必然是自然生态环境空间的压缩与承载力的下降，这是一个不可避免的趋势。在人口众多

① Noailly, J. Coevolution of Economic and Ecological Systems-An Application to Agricultural Pesticide Resistance [J]. Journal of Evolutionary Economics，2008，18：1-29.

② Odling-Smee, F. J., Laland, K. N., Feldman, M. W. Niche Construction：The Neglected Process in Evolution [J] //Monographs in Population Biology. Princeton：Princeton University Press，2003：472.

③ Millennium Ecosystem Assessment 2005. Ecosystems and Human Well-being：Synthesis. Island Press Washington DC.

④ Timo Kuosmanen, Natalia Kuosmanen. How Not to Measure Sustainable Value（and How One Might）[J]. Ecological Economics, 2009（69）：235-243.

⑤ Living with Risk：A Global Review of Disaster Reduction Initiatives [R]. ISDR，2002.

的发展中国家，这种人类社会与自然环境的相向运行所产生的负面效应，即自然灾害的影响越来越大，表现得尤其明显。按照生态经济学的观点，当与人造资源相比，自然资源变成稀缺品时，过去的"弱可持续性"发展观就应当被"强可持续性"发展观取代，对自然资源的投资就如同过去我们对人造资源进行投资以改善我们的福利水平一样必要。[①] 出于这样的考虑，灾后生态系统的恢复，是一个减灾、环境资源管理和减贫的多维度适应性过程。所谓适应，就是生态系统对实际或潜在的冲击的反应，包括了减少冲击影响和提高抗冲击能力两个方面。Holling（2001[②]）将其定义为"适应环"（Adaptive Cycle）。以下三个方面的内容将决定系统的适应性变化：其一，系统自身的内在进化能力，这将决定生态系统在面对冲击时的选择集大小；其二，系统内在的控制力，即控制变量与实际控制过程之间的联系，以及这种联系是否灵活，这将决定生态系统是否能在外生冲击发生的情况下控制自身的发展趋向；其三，适应能力，即系统面对不能预测的外生冲击的弹性，是生态系统脆弱性的反面。这三个方面能力的达到，需要个人、政府和社会组织的积极参与。

（三）生态系统是灾害应对的"生态基础设施"

对于灾后生态系统恢复，按照时间顺序，在研究和实践中存在三种基本思路（Choi et al.，2008[③]）：一是基于历史的数据和信息来对生态系统进行恢复和重建。这一思路对灾区历史状况非常重视，但面对因灾变化的环境，仅仅基于历史数据来确定灾区生态恢复的目标和模式并不恰当，最后形成的恢复结果可能无法持续。二是因地制宜的生态恢复。在这一模式下，强调减少人类对环境的干预，让环境自我维持和恢复。这是一个"放任式"的恢复思路，在实践中，生态系统的自我恢复时间较长，要一以贯之落实，在决策上较为困难。三是根据生态研究成果提出的观点和理论来确定恢复目标。这一思路的问题在于过于理想化，尽管目标可行，但在实际操作上不可行，公众无法认同、经济无法负担、环境无法承受。实践中一个恰当的生态恢复过程，是以上三种思路的综合。

在这种观点的指导下，要应对人类生态足迹扩大的负面效应，按照世界自然保护联盟（IUCN，2006）的观点，就必须整合自然生态系统管理（Ecosystem Management）、社会经济发展战略和减灾策略，在减轻自然灾害影响的同时，提高居民生计水平和生态系统的多样性。[④] 从生态系统管理的角度讲减灾，是对自然灾害的事前生态管理和事后生态恢复的最根本的措施。因为往往灾害发生的地方，也是生态环境最为脆弱的地方。因此，与其事后花巨额成本修复，不如事前

---

① 赫尔曼·E. 戴利. 超越增长可持续发展的经济学 [M]. 诸大建，胡圣，译. 上海：上海译文出版社，2001：123.

② Holling, C. S. Understanding the Complexity of Economic, Ecological and Social Systems [J]. Ecosystems, 2001 (4)：390-405.

③ Choi Y. D. et al. Ecological Restoration for Future Sustainability in a Changing Environment [J]. Ecoscience, 2008, 15 (1)：53-64.

④ Karen Sudmeier-Rieux et al. Ecosystem, Livelihoods and Disasters: An Integrated Approach to Disaster Risk Management [R]. IUCN, 2006：1.

预防。

自然生态系统管理的作用有三：

其一，事前治理和预防能降低灾害损失。例如，对于滑坡的整治，将会减少其实际发生时的损害。这一观点已为众多国际组织认可。例如，世界银行（2004）认为，在 20 世纪 90 年代如果国际社会投入 400 亿美元预防灾害的话，将减少 2 800 亿美元的损失，差距有 7 倍之多。

其二，得到有效管理的生态系统及其灾后重建，作为一种重要的资产，是灾害发生之后居民和社会可以依托的重要"自然基础设施"，可以有效减轻灾后出现的贫困现象和促进经济增长。由于灾害多发地区往往是贫困地区，环境承载能力低，社会发展与自然环境之间的矛盾冲突大。居民生计手段低下，对生态系统有很大的依赖。而另一方面，由于资源的过度开发、土地使用和地表变化、气候变化以及外来物种的入侵、污染等多方面原因（MA，UN，2005①），生态系统退化更进一步削弱了居民与生态系统之间的直接联系。所以生态系统所提供的保障对贫困群体极为重要。居民在高风险的居住环境中必然要应对自然灾害，在灾害发生时，生态系统提供的保障服务也受到损害，有必要采取措施恢复它。经过生态修复，一个健康的生态系统既要为本地居民生计的发展提供支持，也要在自然灾害发生时成为降低灾害损失的"缓冲器"。已有的研究表明，生态系统作为自然的减灾"基础设施"，其投入要远小于人造的减灾基础设施。例如瑞士，森林（防护林体系）作为国家灾害防治计划的关键构成部分，在减少雪崩、滑坡和落石灾害方面发挥了巨大的作用（Stolten et al.，2008②）。再例如印度尼西亚，在应对该国频发的自然灾害过程中，已逐渐认识到生态系统对于灾害处置的重要性，2009 年，在其减少灾害风险国家行动计划（灾害管理法，2007 第 24 号）中明确提出，在依靠资源型工业和自然、环境资源开发为生的地区应同等地投资于已经或者可能因经济活动导致的灾害影响的减轻、预防、应急和恢复活动（Emerton，2009）。

其三，灾害以及对灾害的应对一般都会对生态系统产生负面影响。在灾后重建中，须认识到，生态系统即使在最严重的灾害打击下也具备自我恢复能力，尊重这一规律是生态系统能够自我调节、自我演进、保持生物多样性的关键。我们所要做的，不仅仅是短期的生态投资，还有减少因灾后重建形成的对自然环境的进一步持续性、不可逆的侵蚀。因此，在灾害发生的第一时间，就应当将生态系统的恢复作为重建重要环节来加以考虑，否则会带来巨大的经济和环境损失，进一步提高灾害脆弱性。然而，在当前的实践中，这一点还远未被各国所接受，很多人认为环境问题并非灾后应急处置的重要内容。因此，尽管在灾后应急处置中均有生态的内容和措施，但在实际的应急处置中，由于具有较强的专业性色彩以及应急处置的紧急性，这些措施并未得到有效的应用。例如在印度洋海啸后的斯

① MA Board. Millennium Ecosystem Assessment［R］. United Nations，2005.

② Stolten，S.，Dudley，N. and Randall，J. Nature Security，Protected Areas and Hazard Mitigation［J］. Gland，Switzerland：WWF and Equilibrium.

里兰卡，灾后急需建设60万灾民的临时居住地，一方面该国不具备进行快速环境评价的能力，另一方面任务的紧急性也使得环境评价不可能进行。基于以上认识，联合国减灾署（2004）认为，与其花费有限的资源在应急救灾和重建上，还不如提高生态防治系统（Ecological Protective Systems）投资。从长期看，这是最有效的战略。

（四）"生态系统模式"的框架与内容

所谓灾害应对的"生态系统模式"（见图4-1），是将人类与自然资源的使用作为减灾决策的核心，对土地、水和其他自然资源进行综合管理以促进资源保护和利用的更为公平的策略。这一模式（Masundire，2005①）的好处在于：①能够促进社会赖以生存的生态环境迅速恢复；②避免应对灾害的措施对生态系统的恢复措施再产生负面效应；③提高居民恢复生计的能力；④能够实现减灾与发展的统一。按照Shepherd（2004②）的描述，这一模式的贯彻，包括以下五个步骤：其一，界定特定的生态系统区域，决定主要的利益相关者，并建立起其间的关系；其二，描述生态系统的结构与功能，设定管理和监督的机制；其三，发现并锁定影响生态系统和其间居民的重要经济因素；其四，分析生态系统的变化对毗邻系统的影响并采用相应的适应性管理措施来加以应对；其五，锁定生态系统管理的长期目标以及达到目标的灵活路径和适应性管理措施。

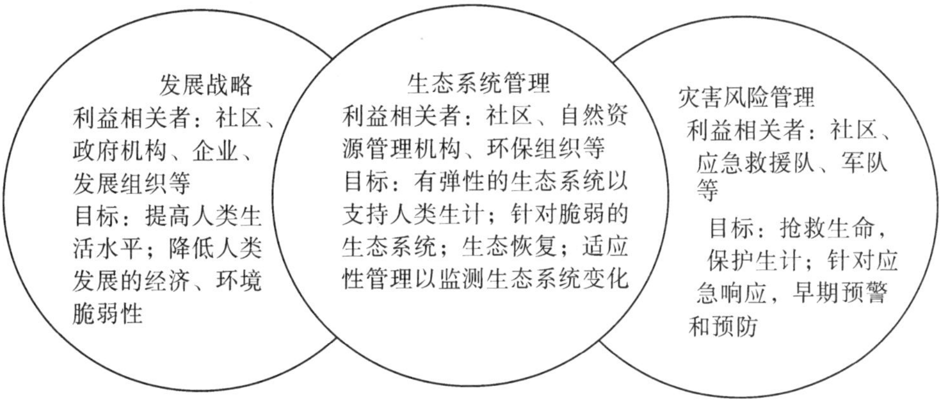

图4-1　重建的生态系统模式示意图

可以看出，灾后生态恢复以生态系统功能的恢复为目标，即本地居民生计的维持和对灾害的自然缓冲。这一过程的实现，不仅仅依靠单一主体，例如政府或者居民的参与，而是多方的参与和共同治理，特别是与生态系统有直接联系的本地居民的参与，至关重要。生态修复表现为一个投入和管理的过程，但更为关键的是人们对生态环境认识的改变。只有认识发生了改变，关键性的技术运用才能

---

① Masundire, H. Applying an Ecosystem Approach to Post-Disaster Rehabilitation and Restoration [J]. Sri Lanka：IUCN-CEM Workshop, 2005.

② Shepherd, G. The Ecosystem Approach：Five Steps to Implementation [J]. Gland：Switzerland and Cambridge；UK：IUCN-The World Conservation Union, 2004.

发挥最大的效益，关键性的制度调整才能实现，关键性的投资才能落到实处。

以灾害发生为分界点，可以把灾害的生态系统模式分为灾前（Pre-disaster）和灾后（Post-disaster）两个阶段。灾前主要是生态建设、预防体系构建（灾害生态指标、土地利用的合理化、生态技术的培训等）。灾后，第一是策略性的考虑，即无论是应急救援还是短期和中期的恢复重建，都必须考虑环境的因素；第二是灾害废弃物的低污染处置；第三是新的居民安置点与区域敏感性生态系统之间的相对位置的确定；第四是重建材料的可持续来源；第五是关注物种的本地化，警惕因重建造成的外来物种入侵；第六是灾害和中长期环境评价。

二、灾后重建生态环境评价的方法与机制

灾后重建的生态决策和重建决策、活动紧密结合在一起。一些国家和地区的经验表明，只有恰当地考虑环境的因素，重建决策与活动才能实现可持续发展。在这些国家和地区的灾害应对中，在这方面既有成功的经验，也有很多失败的例子。

（一）对灾后生态恢复的基本认识

首先，尽管历时较长，但生态系统具有自我恢复能力。Losey（2005[①]）回顾分析了北美西北海岸地区的地震与随之而来的海啸发生对陆地生态系统和海洋生态系统的不同影响之后，认为尽管地震和海啸对人类社会的影响很大，但这些灾害只是人类及其环境所面临的诸多"扰动"（Disturbances）的一部分。对于生态系统而言，正是因为有了"扰动"，才有了生态环境的演进和生物多样性的维持。灾后生态自我恢复的速度远远超过了人的预想。也正是因为有了生态系统自身的演进和"扰动"的反复发生，居住于其间的人类应对灾害的能力也才会随之提高。Lin 等（2006[②]）对 1999 年台湾地区中部大地震（里氏 7.5 级）后植被恢复与滑坡、土壤流失之间关系的分析支持了这一观点。1999 年地震发生后，研究的整个滑坡区域的面积为 822.97 公顷，而 6 年后的 2005 年，就缩小到 143.22 公顷。滑坡区域的植被覆盖率达到了 89.69%，土壤流失率尽管依然高于震前，但与地震刚发生时比较，已大幅下降。这充分说明了生态系统本身有着很强的植被再生能力，这种能力的核心是本地生植物的快速繁衍。

其次，恢复重建过程对生态系统和环境有较大影响。一方面，对于地震后新的安置点的选择，由于地域内可供选择的地点少，所以新的安置点往往位于生态环境更加脆弱或者灾害风险更大的地区。另一方面，灾区恢复重建要使用大量的黏土砖，而烧制黏土砖的本地企业生产技术水平低下，边生产边污染。最后灾区居民为生计发展的需要，对生态系统的索取会强于灾前，也形成了对生态系统的

---

① Losey, R. J. Earthquakes and Tsunami as Elements of Environmental Disturbance on the Northwest Coast of North America [J]. Journal of Anthropological Archaeology, 2005 (24): 101-116.

② Wen-Tzu Lin et al. Assessment of Vegetation Recovery and Soil Erosion at Landslides Caused by a Catastrophic Earthquake: A Case Study in Central Taiwan [J]. Ecological Engineering, 2006 (28): 79-89.

压力。

最后，如果以生态重建为核心来看待整个重建过程，过快的重建显然无助于发挥生态环境自身的恢复能力。灾后地方政府一般都倾向于快速重建。但是从长期来看，在巨大重建压力下进行的快速重建很难对灾害的根源，即环境的脆弱性进行恰当的体现。由此展开的重建有可能放大环境本身的弱点，导致更大规模的灾害。Ingram 等（2006①）对斯里兰卡恢复重建中划定缓冲带的决策及其影响的研究充分支持了上述观点。

灾后的生态恢复重建，是被损毁的生态系统重新发挥其支持社会和经济系统运转功能的过程。如前所述，即使没有人力的介入，生态恢复也会发生。因此，所谓生态恢复重建，是指通过人力有目的的介入来启动或加快灾区生态重建这样一个过程。这一过程有以下特点：①人力介入的目的在于恢复生态系统具有的生态服务功能（资源和环境支持）、提高生态系统的减灾能力、保护因灾濒临灭绝的物种、美化环境。生态恢复重建并不是要恢复生态系统在灾前的状态，而是要在生态系统本身的动态变化过程中，保持其对社会和经济系统的支持功能。②生态恢复重建投入巨大，仅仅从经济成本收益分析的角度看，经常是不可行的。此外，生态恢复重建往往耗时较长，如果不从一个动态的角度去理解这一过程，仅从短期看，投入的效果并不显著。③生态恢复重建主要目标的确定、生态环境的具体条件、生物多样性以及人类活动对生态环境的主要影响是重建过程中需要重点考察的内容。④生态系统恢复重建是一个需要持续投入和管理的过程。不可能通过一次性的活动来完成生态恢复。例如只种树不考虑后期的养护、不考虑生物的多样性，只考虑人工修复不关注如何发挥自然的自发恢复功能，主动的生态修复活动并不能推动生态恢复的加速进行。

（二）灾害辨识与生态预警

在灾害辨识方面，必须确定恰当的分析指标，以适时推动灾后恢复重建的多元化治理过程。指标可以是定量或定性的，其指向应当是恢复和重建的过程而非结果。应该说，由于灾害种类不同、地区社会发展水平不同、所面临的问题不同，一般化的指标体系是不存在的。但是所有的指标体系都必须具备以下内容②：

（1）灾害风险识别指标：①必须建立系统性的本地灾损历史数据，包括小型的灾害风险事件，例如地震带来的环境影响包括农业生产体系的要素损失、自然植被的损失、废物堆积、灾后恢复所产生的环境压力、基础设施损毁所造成的环境破坏等等；②对本地区自然危害的适时检测；③在充分考虑生态系统监测条件、生态系统对本地社会提供的服务类型以及生态系统面临的威胁基础上，对环境脆弱性和灾害风险的评估。

（2）生态系统健康指标：①本地物种种群、被观测的关键性物种、受威胁

---

① Ingram, J. C. et al. Post-Disaster Recovery Dilemmas: Challenges in Balancing Short-Term and Long-Term Needs for Vulnerability Reduction [J]. Environ. Sci. Policy, 2006 (10).

② Karen Sudmeier-Rieux et. al. Ecosystem, Livelihoods and Disasters: An Integrated Approach to Disaster Risk Management [R]. IUCN, 2006: 23-25.

物种和外来物种种群变化，保护区的范围与个数等；②土地利用率的变化，相应地，本地森林与植被覆盖率的变化、土壤退化情况等；③饮用水、生活用水质量，水源使用比例、经济活动的水使用密度，废水处理。

（3）生态系统受威胁的指标：①气候变化；②城市化和农业发展对生态系统的影响；③经济活动方式；④荒漠化指标；⑤生态产品的产出规模；⑥过度放牧。

（三）灾后生态恢复重建的规划

灾后生态恢复重建既是一个生态自我恢复的过程，也是一个社会系统、经济系统与自然环境相互作用的过程。实际、可操作的规划是生态重建能够落到实处的关键所在。自然环境基础条件、恢复的经济支持、治理条件、技术条件、社会环境都会对一个地方的生态恢复重建产生影响。因此，生态恢复重建规划具有较强的区域性特征。对这一规划的研究，主要是在比较的基础上，看一个重建规划应当具备哪些基本的要素。

在此以海地的生态重建规划为例来进行比较。① 2010 年 1 月海地里氏 7.0 级地震带来超过 20 万人的死亡和巨大的损失。其灾后恢复重建规划是在"灾后需求评估"（PDNA，Post Disaster Needs Assessment）框架下展开的。这一框架包括"直接和间接损失评估"（DALA，Damage Assessment & Loss Assessment，即按照国民账户的构成评估因灾直接损失和间接损失）和"人类恢复需求评估"（HRNA，Human Recovery Needs Assessment，即灾后 18 个月内灾区社会的短期需求及其应对措施评估）两个子框架。地震前，海地的生态系统就非常脆弱，由于国内能源消耗的 72% 来源于木材，长期砍伐造成森林覆盖面积小于 2%（1990 年森林覆盖率 15%），人口集中在少数几个受洪灾影响的集水盆地（谷地）区域内。受地理环境的影响，自然灾害风险因素较多，贫困问题突出；40% 的居民生活在城市，但城市无序蔓延，贫民窟众多，水资源管理混乱，水污染严重，城市垃圾处置设施建设滞后，大量垃圾未经处置；同时，由于缺乏必要的资源支持，生态系统治理机制失效，经济社会系统与自然生态系统之间的矛盾突出。地震的发生加剧了这一矛盾，并增加了新的风险因素，例如地震废墟产生了 4 000 万立方米的建筑废料，大量新安置人口造成对森林进一步砍伐的压力。

因此，震后海地的生态环境恢复，必然在保护和再生环境基础的过程中综合紧急救济、住房重建、经济发展等多个目标。为达到这一目标，海地政府确定了以下区域作为主要的行动领域，这些领域也是主要环境矛盾集中的地方：①授予环境部门确定的组织权限，以在不同的领域内建立环境技术单位，支持环境和自然资源管理的活动；②在人口集聚的流域和谷地，加强水利基础设施建设和造林活动，以稳定土壤和控制水循环；③通过补贴的方式，鼓励使用燃气替代木材，减少木材作为主要能源的消费；④建立环境和自然资源管理培训中心；⑤在气候变化的背景下充分考虑生态系统的适应性和弹性；⑥采取紧急措施减少因地震

---

① Haiti Earthquake PDNA：Assessment of Damage，Losses，General and Sectoral Needs ［R］. 2010.

（也包括对灾后废弃物紧急处置）形成的环境污染；⑦采取综合措施处置固体废弃物和废水。

为应对上述矛盾，海地在规划中设定了短期、中期和长期目标，主要采取以下措施：①强化环境治理。通过基础设施建设、组织和能力提升，强化环境部门及其分支机构制定和执行环境政策和标准的地位和权力，使环境部门能够发挥其检测、控制、援助和协商的职能，积极参与到灾后恢复和重建的协调工作中去。②集中力量对受地震影响的生态系统进行恢复（短期）。针对被地震强化的环境和自然资源风险因素，采用劳动密集型的工作模式来稳定集水盆地、清理海岸，以应对台风季节的来临。③自然资源的可持续管理（中期）。为保证对集水盆地、保护区、海岸和沿海区域的有效综合管理，通过提高人力资源、技术、物质和金融等方面的组织结构与个人的能力，促进对资源退化的可持续修复。④通过保护生态系统以适应气候变化，提高系统在巨灾发生情况下的弹性，降低面对自然危害和环境风险脆弱性（长期）。增加对生态环境保护的投资，提高其在降低环境风险和人口增加方面的适应能力。例如在灾区造林可以显著地稳定土壤，减少土壤侵蚀和洪水的风险。⑤应急污染管理。在组织和操作层面建立应急管理实施指南，以减少地震引起的包括固体废弃物、危险品和液体废弃物在内的直接环境危机。这些应急措施的运用必须考虑其可行性与环境影响。⑥巩固污染控制和管理综合系统。以可持续发展为目标，采取组织、技术和人力等多方面措施尽可能减少生态破坏。在这一过程中，必须注重系统性环境监测、评估，并采取恰当的技术支持。

仅从规划上看，这是一个极具针对性的综合性生态恢复重建规划。在经济层面，就是要摆脱长期以来对资源严重依赖、向自然索取的经济模式，在社会层面，就是要应对广泛的深度贫困，在环境层面，就是要扭转生态环境不断退化的趋势，建立可持续的发展模式。其规划重点的指向性很强，放在了生态系统的薄弱环节，例如生态系统综合管理、自然资源的可持续利用和人居环境等方面。之所以采取这样一种模式，与海地本来就非常脆弱的生态系统有直接关联。

但在具体的实施中，由于地震所造成的生态系统的严重退化，一些过去本来就很严重的矛盾，例如水污染问题，并未因为应急性措施的采用而根本改善，灾民临时安置点的卫生条件并未得到妥善的解决，最后食品和饮用水的污染导致了严重霍乱的出现。按照联合国卫生官员的预计，在随后的 6 个月内，将有 65 万海地人被霍乱感染，其影响将持续数年。这一实践结果充分说明，在一个生态本来就十分脆弱的地方进行生态恢复重建，一方面要有切实的措施推进生态恢复和重建，另一方面整个灾区的社会和经济体系要能够经受起灾害发生后生态系统进一步恶化所导致的冲击。后者正是海地生态恢复重建规划的弱点所在。

（四）住房重建的生态决策与实施

在灾后居民安置过程中，最能反映生态决策的环节就是居民安置点的选择。在印度洋海啸后，斯里兰卡在最短的时间内建设了大量临时安置点安置灾民。但由于缺乏环境评估，对海啸导致的环境变化，例如沙丘移位导致河床堵塞缺乏整

地震重灾区生态破坏及灾后生态恢复建设 **对策**

体考察，导致暴雨后大量安置点被淹。又如一些安置点位于野象活动范围导致安置点时常因野象进入发生踩踏事件等。如果事前有能力和足够的意识进行快速的环境评估，这样的错误是完全可以避免的。

一个重要的环节是受损建筑物的拆除和建筑材料的再利用。最为关键的环节是拆除，不同的拆除方式具有不同的生态含义。一个重要的概念就是人工拆除（Deconstruction），即在重建过程中主要使用劳动力而不是机械进行拆除。生态经济研究对人工拆除的研究是一个新兴领域，目前还缺乏一致性的概念和研究方法。对于人工拆除的研究主要围绕其环境影响、经济影响和社会影响三个方面展开。在环境影响方面，一般认为人工拆除可以减少 CO_2 排放、减少重建对自然资源的需求、减少废物排出量。在经济影响方面，一般认为人工拆除由于充分利用了可回收材料，因此在成本上比机械拆除具有优势，且有助于提高当地的劳动技能和效率。在社会影响方面，研究主要关注手工拆除能产生大量工作机会方面。2005 年飓风卡特里娜（Katrina）和丽塔（Rita）造成了大约 27.5 万户严重损毁建筑，估计 30 万吨建筑废料散布在新奥尔良。按照美国联邦应急管理局（FEMA）的规定，损坏超过 51% 的建筑都可以运用重型机械进行拆除，费用由政府支付，拆除物被破碎成小块并作为垃圾填埋在指定位置。路易斯安那环境局测算，如按照这种集中处置方法，用 40 立方英尺（1 英尺 = 0.304 8 米。下同）的集装箱运输 100 英里（1 英里 = 1.609 344 公里。下同）然后处置大约会消耗 2 000 万加仑燃油，产生 43 万吨的 CO_2 排放，此外，填埋活动还会产生 22.5 万吨的 CO_2 排放。但这样做的负面效应明显：一是垃圾填埋位置空间有限，大量填埋建筑废料使得现有填埋场难以满足要求；二是当地的非洲裔居民群体较为贫困，很多居民最大的资产都在被损毁房屋中，强力拆除问题很大；三是拆除后大规模的重建会带来建筑材料价格的飞涨，收入水平低下的居民群体难以负担；四是建筑废料中大约包含着价值 1 亿美元的可利用材料，简单的填埋就等于浪费。在充分考虑了这些因素后，为提供低成本的建筑材料、保护建筑的历史色彩，在拆除这些建筑物方面，美慈（Mercy Corps）于 2005 年 11 月启动了拆除计划，采取了人工拆除而不是机械拆除（Machine Demolition）的方法，以提高建筑材料的回收利用率。尽管拆除一所 2 000 平方英尺建筑物，采用人工的方法需要 5~6 个工人工作 10~15 天，而采用机械拆除的方法只需要 1 个工人工作 2 天即可。但手工拆除既可以为灾民提供工作机会，还可以为灾民提供必要的职业培训，以帮助其在未来较长的重建过程中具备就业的技能。加上建筑材料的重新利用，美慈发现手工拆除每平方英尺产生的现金流大约是成本 3.8 美元、利润 1.53 美元，而机械拆除只能产生净成本 5.5 美元/平方英尺（Denhart，2010[①]）。

同样的情况也发生在日本的兵库县。在地震后，兵库县积极推进震灾废弃物资源化。震后 6 个月就制定了《关于保护环境和创造环境条例》，首先重点解决

---

① Denhart, H. Deconstructing Disaster: Economic and Environmental Impacts of Deconstruction in Post-Katrina New Orleans [J]. Resources, Conservation and Recycling, 2010 (54): 194-204.

2 000 万吨地震废弃物的资源化问题。通过设置堆放场所、分类回收、公共建筑优先使用再生建材等措施，使地震废弃物资源转化率达到了 50%。这一经验的推广使得后来的新潟地震废弃物资源转化率高达 73%，建筑瓦砾通过破碎加工，用于道路和建筑物的地基铺设。中央政府通过补助和转移支付承担了震灾废弃物资源转化的绝大部分费用。

（五）减灾和生态恢复重建可以利用的工具

生态恢复重建的根本目的在于减灾和发展。要将这两个方面结合在一起，就必须采用综合性的手段来加以应对。概括而言，个人、社区和政府可以采用的主要手段包括预防（Prevention）、自我保险（Self-insurance）、市场保险（Market-insurance）、灾害应对（Coping）四种。可以发现，这些手段与应对自然灾害造成的其他损害时所采取的手段并无多大差异。从本质上看，这些手段决定了减灾和生态恢复重建的投入渠道和结构。①

首先，关于灾害的预防：①个人。这包括三个方面：一是个人资产的多样化和收入渠道的多元化；二是个人对资产的防护性投资；三是在灾害无法避免时，可以采用永久性移民的方式来预防灾害风险。②社区。一是预先划定安全区域；二是展开社区防灾知识培训；三是提高社区公共服务提供水平。③政府。一是提供关于自然灾害的监测和预警服务；二是通过公共工程的实施来减灾。

其次，关于自我保险：①个人。同时拥有金融和非金融性资产。②社区。预留灾害应对基金并保持其良性运转。③政府。培育多元化的资产市场；足够的基础设施投入。

再次，关于市场保险：①个人。购买财产和巨灾保险；对农民而言，购买农业保险。②社区。发展微型金融，鼓励民间借贷。③政府。主权预算保险和巨灾债券。

最后，关于灾害应对：①个人。临时性移民；当灾害影响经济运行时，家庭可以成为吸纳劳动力的临时蓄水池；因灾减少家庭开支，以供恢复之资。②社区。发展民间借贷，启动公共工程、吸纳劳动力。③政府。构建社会安全网；加大社会公共投资；巨灾援助基金的运用；食品保障计划；等等。

所有这些措施的目的都是要提高社会经济系统的主体即个人、社区和政府在自然灾害发生后的应对能力。这一能力的关键是经济能力。按照西方的观点，恢复重建也是一个市场化的过程，在这一过程中，个人和社区将扮演重要的角色，而政府所要做的，就是让个人和社区能够将足够的资源投入到灾后重建中来。

（六）生态补偿

生态补偿最初的概念源于自然生态系统的补偿，是自然生态系统对干扰的敏感性和恢复能力。随着人类改造自然的能力不断提高，人类对自然生态的干扰程度越来越剧烈，自然生态系统自身恢复能力已远不及人类的活动强度，因而出现了人类干预下的生态补偿。

_____

① Natural Hazards, Unnatural Disasters: The Economics of Effective Prevention [R]. UN and WB, 2010.

生态补偿机制是以保护生态环境、促进人与自然和谐为目的，根据生态系统服务价值、生态保护成本、发展机会成本，综合运用行政和市场手段，调整生态环境保护和建设相关各方之间利益关系的环境经济政策。灾害发生后的生态补偿机制的建立和完善，是推进灾后生态恢复重建的重要内容。世界各国与生态补偿概念类似的规定比较集中在农业、林业和自然资源开发政策上。与灾后生态补偿相关的主要是农业发展的生态补偿政策。

国际上没有"生态补偿机制"的说法，较为常见的概念是"生态或环境服务付费"（Payment for Ecological/Environmental Services）。这实际上是指享受了生态服务就要付费。在概念上比我国采用的生态补偿要窄一些。对于生态补偿的探讨，大多围绕森林资源的环境服务展开，主要集中在与农业活动相关的生态保护、资源开发中的生态保护、流域管理、植被保护等领域。例如在农业领域中，许多国家都制定了防止农业生态系统退化的生态补偿制度（孔凡斌，2010[①]）。①瑞士的农业生态补偿。1992年的瑞士《联邦农业法》对农业发展项目中的特定物种保护、生态保护性农业活动以及有机农业发展提供财政补助，具体是以生态补偿区域计划和生态税改革计划形式实现。生态补偿对象主要是农民，具体补偿内容包括对农民保护性农业生产活动补助、农民自愿遵守生态环境保护行为以及对因参与保护生物群落计划并取得成绩的奖励性补助。②美国的农业生态补偿政策。20世纪50~60年代，美国政府开始推行三种对农场主的补偿计划：一种是自愿退耕计划（Land Retirement or Acreage Division），即引导农场主把一部分耕地退出生产用于土壤保护。第一个土地退耕计划是1956年农业法规定的土壤银行计划。1965年又实施了有偿转换计划，即要求政府计划的参加者以无偿停耕一定比例的土地为条件，换取计划的各种好处，同时要求农场主停耕额外的一部分耕地，政府付给一定的补贴。1985年美国政府制定实施了"保护计划"（Conservation Reserve Program），主要内容是：针对农业生产给资源、环境带来的破坏，在容易发生土壤侵蚀的地区，实行有计划的退耕还林还草及休耕。作为补偿，农业部每年向退耕农户支付一定数量的补助，还向永久性退耕还林还草的农户一次性支付其种植费用总额一半的补助。此后，美国又相继出台了《1996年农业法》和《2002年农业法》，明确规定了对农业环境保护计划实施政府补偿的法律制度。③欧洲农业生态补偿政策。欧洲发达国家在实现工业化的同时加速了城市化，从而导致农产品生产过剩、农业比较效益下降、农民弃耕现象严重。2000年，欧盟国家已有1200万~1600万公顷的农地退耕还林，其中法国就达200万~300万公顷。在英国，凡愿意长期退耕还林的，可签署农林协议书，政府据此付给农民每年125英镑/公顷以下的补偿金，为期30年。

在主要经验方面，尤艳馨（2007[②]）认为，国际生态补偿的主要经验包括：其一，政府是生态补偿机制建设的主导力量；其二，市场作用的发挥是生态补偿

---

① 孔凡斌. 生态补偿机制国际研究进展及中国政策选择［J］. 中国地质大学学报：社会科学版，2010（2）.

② 尤艳馨. 构建我国生态补偿机制的国际经验借鉴［J］. 地方财政研究，2007（4）：62-64.

机制建立的关键；其三，完善的法律是生态补偿机制的重要基础；其四，建立区域合作机制是实现生态补偿的重要方式。

三、灾后生态恢复与环境保护的主要措施

（一）初步环境评价：巴基斯坦地震

2005 年 10 月，巴基斯坦发生里氏 7.6 级地震，地震波及 3 万平方公里，造成 350 万人无家可归，7.7 万人受伤，5.8 万人因灾死亡。客观地说，尽管具有良好植被的坡地与没有植被的坡地更不容易导致建筑物和道路因山体滑坡而损毁，但生态环境管理并非这场地震的主要原因。

地震形成了大量潜在的环境风险因素。在所有的环境风险因素中，区分短期（3 个月以下，紧急的、重要的，例如次生灾害）、中期（3~6 个月，临时性解决措施，季节变化）和长期（大于 6 个月，例如生态修复与重建）风险因素。这分为四个方面：水体环境、土壤环境、生态环境和社会环境。①水体环境。房屋倒塌、地面裂缝、山体滑坡、堰塞湖等多种因素，造成泥沙淤塞，水体的自我净化功能下降，水质变差；人畜尸体腐烂、消毒剂使用、垃圾大量堆放、地下水受到污染，引发水环境安全问题。②土壤环境。地震引发的滑坡、泥石流和洪水，淹没、毁坏森林、草地、农田，造成表层土壤严重破坏。新覆盖上的冲积土壤，肥力和耕作性能很低，土地生产力存在降低之虞。③生态环境。强烈地震会对生态环境产生多方面的破坏和影响，不仅对动植物的生长、生存产生严重后果，而且对生态系统的功能也产生破坏性影响。④社会环境。地震对历史文化和社会人文的影响无法估计。灾害及其后续效应对经济、社会、民众心理等产生长期影响。其中，尤其关注了对临时灾民安置点的评价。随着时间的推移，这些灾民安置点很有可能转变为永久安置点，因此有必要对其环境进行慎重评价。

总体而言，地震会严重损坏灾区生态系统、破坏生态平衡、造成生态服务功能的下降。灾后重建要充分考虑生态环境的承载能力，应将生态环境重建作为灾区重建的必要构成部分之一。快速环境评价应该作为重建规划的基础依据，对灾后拟重建区域内的空间布局、发展规模、功能分区、经济发展布局等生态环境适宜性进行分析，明确灾区生态环境对重建活动可承载的能力，合理确定城镇、工农业生产布局和建设标准。另外，地震中泄漏的许多有害工业和生活物质浸入土壤，部分物质还可能在重力作用下透过浅层堆积物，或者地下水改道，污染地下水源，因此，环评除了对地上的生态环境作分析，还必须关注地下生态环境。通过快速的环境评价，一方面为短期内采取及时的措施以缓解突出矛盾提供决策基础，另一方面为在中期和长期以最小的环境代价推动重建提供依据。

（二）多部门参与和绿色重建：佛罗里达飓风

2004 年、2005 年，佛罗里达遭受飓风袭击，给当地带来了很大的损失。在其灾后重建规划中，生态环境恢复的规划是四个必要的构成部分之一。佛罗里达的生态环境恢复重建规划最大的特点在于规划执行的多部门参与和绿色重建。

整个生态环境恢复重建共有四个层次的组织机构参与：一是国家或区域的组织机构，包括佛罗里达社区事务部、环境保护部、应急管理单位、森林管理单位、野生动物保护单位和水资源管理单位；二是联邦政府的分支机构，包括国家海洋渔业服务部门、美国陆军工程兵团、海岸警卫队、渔业和野生动物保护部门；三是地方政府部门，包括应急处置、环境保护、健康与公共安全、城市公园、保护地管理、发展管理/社区发展、公共工程和社会服务部门；四是其他组织，例如本地减灾策略工作组、港口管理部门等。可以发现，尽管生态环境的恢复和重建仅仅是灾后恢复重建的一个领域，但在管理层面上，却涉及了众多的部门。通过多部门的配合，来提高生态恢复和重建的效率。

佛罗里达在住房重建中，坚持绿色重建的原则，不仅重视住房的经济性、功能性、耐久性和舒适性，更重视住房重建从设计、建筑到使用、维护的整个过程的绿色性。注重使用可再生能源、可回收建筑材料。佛罗里达政府认为，大规模的灾后重建实际上提供了一个机会，不仅会增加社区就业，还使得社区的运行可以迅速进入一个绿色的状态，从而提高社区的可持续性。在产业选择方面也坚持了类似的原则。如今清洁能源技术（环境友好型产业和可替代能源产业）已成为佛罗里达的主导产业之一。

（三）生态重建与减灾战略的结合：印度古吉拉特地震

印度古吉拉特（Gujarat）为地震频发区域。2001年1月26日该地中西部里氏6.9级地震导致16.7万人因灾受伤，2万人死亡，近100万个家庭无家可归。所造成的直接环境影响包括：①震害废弃物处置。按照当时的估计，城镇有1 000万~2 000万吨、农村有1 500万~3 000万吨废弃物。②工业设施损毁所造成的直接影响及其剩余风险。③水污染和水处理设施损毁。④市政和产业基础设施受损。间接环境影响包括：①基础设施受损导致的未来卫生和废弃物管理的低水平；②由于住房重建需要的大量建筑材料的生产所导致的工业污染；③废弃物处置点和居民安置点的重新设置导致的土地用途改变。还有一些由地震导致的环境问题，例如地表水与地下水因地震而改变的情况、生态环境的损失，无法在短期内进行评估和判断。

在应对方面，除了短期的环境问题，例如废弃物处置、水资源管理等外，中长期的恢复计划得到了重视。古吉拉特是地震频发地区，所以对于环境问题，主要从两个层次加以恢复：其一，着眼于中长期的环境恢复规划。实施细致的环境影响评估工作，以全面弄清地震对环境的影响；评估和检测工业危险品的生产和流转过程；强化环境治理工作机制与框架；引入清洁技术；实施更为严格的环境管制，使得企业能够在重建中运用先进技术以促进环境的可持续性。其二，长期的减灾策略。辨识环境风险，评估其危险区域和脆弱程度，以确定环境恢复重建的投资方向、区域和力度。采取措施避免危险区域和降低脆弱性以达到减灾的目的。在重建中避免地震区域的基本原则影响着当地的土地使用和经济发展计划。实施教育和培训技术，提高当地居民对生态恢复的认识和行动能力。建立生态监测和早期预警系统，以提高灾害预测能力。

（四）公园绿地系统的构建：1995 年日本地震和 1999 年中国台湾地震

1．1995 年日本地震

1995 年 1 月 17 日，日本阪神、淡路地区发生里氏 7.3 级大地震，地震发生后，日本造园学会立即投入到震后调查研究及城镇绿地重建工作。地震发生 1 个月后，制定了《阪神、淡路灾后重建规划草案》，4 月份制定了《阪神、淡路灾后重建规划———基本构想（紧急 3 年规划）》，7 月份制定了《阪神、淡路灾后重建实施规划》。在规划之中，为了提高城市全域防灾避险能力，在由六甲山和濑户内海所包围的城市区域内，将由河川形成的南北绿地轴和由拓宽道路绿地形成的东西绿地轴相连接，组成网状绿地结构，并且提出了作为区级公园的防灾据点构想，即街头绿地与小学校园连接在一起进行建设，形成该小区的避难地，4 个避难地又构成一个防灾据点。在阪神大地震期间，以城市公园为中心的绿地与开放空间发挥了作为避难地和防止火灾蔓延等危害扩大的机能，同时，作为应急避难生活的场所、救援受伤人员活动的场所被利用起来。此外，也让人们认识到了大规模公园和近处小公园的重要性。日本吸取该次地震的教训，在进一步推进防灾公园建设的同时，大幅度扩充了以下防灾公园制度：在 1995 年，把灾害应急对策设施作为补助对象进行追加；1997 年，在防灾公园的对象中追加了具有一次避难地机能的城市公园；1999 年，在防灾公园的对象中追加了具有广域防灾据点机能的城市公园；2000 年设立了防灾公园街区建设事业制度；在 2005 年城市公园法施行令修订中，调整了灾害应急对策设施的建蔽率。此外，该次地震不仅影响了城市公园制度，而且通过制定重建规划与地区防灾规划等，推进了确保作为城市复兴计划骨架的公园绿地系统的规划工作。与生活空间的层次相对应的防灾据点和防灾带、网系统的有机结合规划的思路，对其后的城市公园绿地规划的制定产生了很大影响。神户综合运动公园斜面树林再生、兵库县淡路花博斜面的树林化技术，在科研与施工阶段都经历了 1995 年阪神、淡路大地震，而没有发生滑坡等现象。利用潜生植被群落理论进行斜面的树林化绿化，包括两方面重点内容：一是绿化树种的选择；二是在斜面上的绿化技术。绿化树种规划的方针如下：①以当地景观与植被构成为主的乡土群落为复原目的；②早期形成绿量的速生树种的落叶树（先驱种）与远期形成景观的常绿树按一定比例搭配。通过调查周围的自然植被发现，在贫瘠、土薄、干燥的斜坡立地条件下，生长发育着稳定的乌岗栎—杨梅常绿阔叶林群落。在选择绿化树种时，首先选用了远期构成树林群落的树种乌岗栎、杨梅、红楠、小叶交让木、天竺桂；其次选用了速生树种的黑松、朴树、枹栎、合欢、春榆，利用这些速生树种确保绿化初期的绿量，并为慢生树种提供夏季遮阴，树种规划按照植被迁移的两个阶段进行营造。同时，根据对周围自然植被林缘树种的调查研究，在林地边缘选择栽植海桐、伞形花石斑木、胡颓子、日本毛女贞等树种。根据绿化技术试验与客土试验的结果，于 1994 年 10 月开始进行绿化工程，采用了以下 3 种方法：①喷附人工土壤种植法对于岩盘有风化的地方，利用重型机械把斜坡地整成台阶，高度为 30 厘米。利用强力水泵喷射附着 10 厘米厚的团粒土后，种植高度为 0.3 米的营养钵苗。②金属网坑种植法对于岩盘较硬、挖掘台阶十分困难的地方，把金属丝网做成蜂窝状，然后用钢筋固定在岩盘上，填入 30 厘米深的改良土，种植营养钵苗。③纺织材料网坑种植法因为金属丝网坑法成本高，把裁成 30 厘米宽的纺织材料做成蜂窝状，然后用钢筋固定在岩盘上，填入改良土之后种植营养钵苗。从绿化效果来看，如果采取传统的绿化方法需要 30 年以上的时间，若任植物自由萌发与自由生长则需要数百年的时间，而采取这种生态恢复绿化方法，仅需用 4~5 年的时间，即与其周围没有遭到破坏的植被在绿量方面达到了基本一致。当时栽植的 30 厘米营养钵苗到 2000 年年初，已经长到了 3 米以上，长势好的已经超过了 5 米。

2. 1999 年中国台湾地震

1999 年 9 月 21 日，中国台湾发生 7.3 级地震。从此次地震经验可知，公园绿地不仅在平时可作为都会区内的生态核心区，灾害发生时亦可作为避难空间。因此，构建一个完整的公园绿地系统是灾后绿地重建的首要任务。防灾公园绿地主要是以有效逃生距离为标准，并分为地区防灾公园绿地、可提供为阶段性紧急避难社区、邻近防灾公园绿地与逃生避难使用的各式避难道路、绿带。地区防灾公园绿地属中程避难地，覆盖生活圈面积较大、区位良好的都市公园，以 10 公顷以上为佳，如运动公园、体育场、大型学校、环保公园等，或近郊较小面积公园绿地结合周围广大的未开发利用土地者，如重划区土地、农业用地等，并考虑设立直升机降落场、通信设施、耐震水槽等防灾避难设施，在灾害发生时成为物资发放、救援与避难帐篷搭设场所。台湾地区的实践表明，制定绿地系统规划首先要以大尺度的城乡及市镇规划为基础，明确现有城乡土地利用存在的问题，努力增加整体公园绿地及开放空间面积，进而建立起由嵌块体、廊道与基质构成的城乡防灾绿地系统。

（五）灾后植被恢复：中国台湾

台湾地区地处太平洋边缘，因为地理与地质因素，地震及台风发生频繁，社会经济活动经常受到自然灾害的影响。在频繁的自然灾害打击和全球性气候变化的影响下，台湾南部地区地表土石碎裂松动，使得原来就敏感的地质更加脆弱，每遇暴雨大风，必然会产生大规模的洪水和泥石流。同时，在沿海低洼及山区陡峭的地形与错落的地质层面上，受发展压力的驱动，也在进行着各种程度不易的开发。自然灾害与人类的经济活动一起，使得生态脆弱性快速提高。按照台湾方面的估算，森林被砍伐裸露后，土壤流失增加 100 倍，每公顷流失 160 吨；而如果森林能够发挥其作用的话，则可以每年每公顷减少 300 立方米的水土流失。除此之外，在减少自然灾害损失等方面，森林也发挥着重要作用。

由于经常受自然灾害的侵袭，台湾当局对生态系统在减灾方面的作用有较深的认识，采取措施植树造林也较早，1978 年即开始采取林区分级管理、人工造林、保护林建设等措施，全面恢复灾区植被。目前，在 360 万公顷的台湾面积中，森林覆盖率占 58.5%，农业用地约占 29%，两项合计占全岛土地总面积的 87% 以上，而其余不足 13% 的土地分布于平原及丘陵地区，属于都市、城镇、道路、工业用地及河川、海滩与湿地等。总计全台湾森林面积共约 210 万公顷。其中天然林约占 72%，这个数字同发达国家或地区进行对比，也是非常高的。其中20% 为人工造林地，另有 7% 属于竹林。为减轻自然灾害的影响，台湾在灾害频发地区引入并种植了相应的植物品种（树和草本植物），例如从美国夏威夷引入无叶柽柳，大量种植于澎湖各地。通过植被的培育，不仅减轻了灾害的侵袭，也美化了环境。

　　（六）产业形态的改变：1999 年中国台湾集集地震

　　1999 年的台湾集集地震造成的冲击与影响十分严重。集集为此次地震的震中所在地，位于南投县日月潭西南 9.2 千米处，地震深度 8 千米，地震规模达里氏 7.3 级，全台湾各地的震度都在 3 级以上。地表破裂呈南北走向约 85 千米，总破裂超过 96 千米，最大位移 8 米。此次地震造成全台 2 413 人死亡，8 700 多人受伤，超过 5 万栋建筑物损毁，亦造成许多基础建设，如水电管线、道路系统、桥梁等的损坏。集集地震除了对社会基础设施系统造成破坏外，强大的活动力量也改变了中部地区的土地覆盖状况，地震使岩层破碎，破碎的岩层因表面积的加大更容易受到风化、侵蚀作用的影响，而诱发更大的崩塌作用，据估计"921"地震造成 1 亿吨以上的土石松动。这些松动的土石在台湾地形陡峭且降雨集中的特性作用下，加上山坡地的过量开发，增加了土石流发生的频率与规模。台湾的降雨多集中于 5~6 月间的梅雨季，及 7~9 月间台风所造成的强风暴雨，在降雨强度大且水量丰沛的情形下，极易发生滑坡、泥石流等灾害。据台湾地区气象局的统计，1958—2005 年的近 50 年间，有发布台风警报的台风就高达 236 次，近几年在全球气候变化的影响下，每年所出现的台风在次数与强度上都似呈现增加的趋势。集集地震共造成了 4 万多处的土石坍塌，且特别集中于中部山区，在山坡地不当土地利用及近几年台风强度与次数增加的情形下，台湾地区的危险溪流从原有 485 条激增为 1 420 条，受危险溪流影响可能发生滑坡及泥石流地区更高达 455 处，使当地居民暴露于更大的灾害风险中。

　　另一方面，震前灾区大规模的森林砍伐、经济作物的种植不仅改变地表植被，破坏山坡地的水土保持，也使当地的灾害风险加大。而台湾地区中部横贯公路的开通虽然对促进东西部交通运输有很大的贡献，但由于沿线大半路段的地质多属风化程度剧烈的破碎岩层，公路的开通破坏边坡稳定性，每遇暴雨便易形成泥石流或滑坡。人口增加与多元化、森林砍伐、过度的土地开发、公路建设等因素都形成了影响灾区自然与社会系统稳定协调性的多重压力。

　　为缓解环境压力，降低灾害的影响，中部地区许多地震重建区，在地震后反思社会与自然生态系统之间的关系，重新选择新的产业发展模式，放弃了原有的经济作物种植，改发展以生态为基础的旅游业、精细农业等产业。在当时政府与民间重建的社会氛围下，灾民以竹子修建房舍，利用改建后的竹子屋作为地方特色，并利用早期运送木材的小火车道，作为生态步道，结合原住民文化发展生态旅游业，渐渐改善了原本困窘的经济情况，靠着观光旅游而增加许多收入。2002和 2003 年灾区经历了生态旅游业最蓬勃的时期，散布在外地的人口也慢慢回流。

第五章 地震重灾区生态环境
重建的模式选择

汶川地震重灾区的灾后重建不应该是简单的恢复,而需要更具理性和预见性,要有所提升和完善,必须在新的发展理念指导下做出更加符合客观规律的决策。灾区的生态环境重建必须作为考核灾区重建生产力合理布局的基础指标,并且,灾区重建规划环评必须作为科学决策重建规划的基础依据。充分考虑地震造成的滑坡、崩塌等各种破坏类型,以及森林恢复的立地条件特点,采用先恢复、后提高的原则,循序渐进地推进。在恢复方式上优先考虑封禁恢复,充分发挥自然力的作用,用较少投入,扩大灾区植被面积,增加植被覆盖度。在植被恢复较难的地段,辅助实施人工植树种草。

一、生态环境重建的模式选择原则

生态环境重建是一项系统工程,其中重要的内容之一是生态修复。生态修复是一个动态的过程,它包括了防减灾、植物学以及工程学等方面的内容,它的实施和完成需要持续一个较长时期。生态修复的具体措施需要依据研究区生态破坏的具体情况进行选择和实施,即在充分调查和了解研究区实际情况的基础上根据其生态破坏的特点选择有效的方法措施。借鉴国内外生态修复的先进经验和存在的问题,并结合汶川特大地震灾后生态恢复重建的实践,本研究认为地震重灾区中长期的生态环境重建应该遵循以下原则:

(一)自然修复与人工治理相结合原则

灾后重建既要遵循经济规律、社会规律,也要遵循自然规律。地震后生态危害的类型比较复杂,相互之间还有关联性,尤其是林草植被的修复,更容易受季节、气候、土壤、水分等自然地理条件的限制,成果保存难度大,难以在短期内完全恢复到震前状态,即使植被得到有效恢复,但是真正恢复其生态系统功能,提升生态服务效益,仍然需要漫长的历史过程,因此地震灾区受损自然生态系统的恢复需要一个漫长的过程,尤其是岷江流域干旱河谷区等立地条件差的地段,生态系统服务功能的恢复更为缓慢,这些地段的生态修复仅依靠自然修复是不够的,有必要通过人工干预促进自然生态系统功能的快速恢复,改善生态环境质量,确保灾区人民的生态安全和生命健康。

另一方面,在地震灾害中生态系统中有些组成部分的受损相对隐蔽,损失也无法直接用经济数据来描述,但产生的影响却是久远的,可能要很长时间来修复,如土壤重金属、有机物污染造成的土壤生态退化、水体污染等。美国海岸的盐化土壤在综合治理措施实施后的 14 个月后才开始恢复，要完全回复到原来状态，需要的时间更长，而盐化水体由于地震灾区污水排放系统的破坏，以及水体植物资源摧毁更严重，淡化的速度更慢。因此地震灾区产生的各种土壤污染和水体污染需要长期持续的人工治理。为此应立足当前，着眼可持续发展，适度超前考虑，统筹安排。①

（二）因地制宜、分步实施原则

地震灾区生态环境重建，坚持以人为本、尊重自然、尊重规律、尊重科学。在生态环境重建中，必须充分考虑当地的地质条件、资源和生态环境承载能力，对一些生态环境脆弱的地区应划分出禁止开发区和限制开发区，针对生态环境恢复重建采取不同的措施。从当地实际情况出发，充分考虑自然地理、社会经济等多方面因素，合理确定植被等恢复重建模式和优先领域，做到保证重点、兼顾一般，有计划、分步骤地推进恢复重建。地震重灾区生态环境重建应遵循植被演替规律，采取封山育林育草和人工促进自然恢复的技术路线，主要坚持自然修复与人工治理相结合，以自然修复为主、人工生态建设为辅，注重生态修复技术的创新与应用；生物措施与工程措施相结合、以生物措施为主，综合运用飞播、点撒播、封山育林、人工植苗等方式恢复林草植被。全面恢复灾区林草植被，保护生物多样性，治理水土流失，加大环境治理力度，恢复林草植被、大熊猫栖息地及林木种苗基地、林区基础设施。促进灾区人口、资源、环境协调发展。

自然修复生物多样性、物种丰富度高，生态的服务功能强，在水土保持等方面还是自然修复效果好。但也要有人工修复的辅助，因为在大植被的形成上，人工修复更快一些。人工修复更多的是用在与人的生产、生活非常密切的地方，因为这直接关系到当地恢复重建的方方面面。人工修复的手段一方面是植树造林，还有通过工程的措施固定和清理滑坡、泥石流、崩塌等生态破坏的地方，比如在交通道路两旁、居民点周围松动的岩石等还得靠人工的力量清除。但如涉及涵养水源等，最好还是自然修复。

在地震重灾区进行生态修复的区域大致分为两类：一类是在地震中和地震后发生地质灾害的区域，如滑坡、崩塌以及泥石流的发生区域。在这些区域已经造成了生命财产的损失和生态环境的严重破坏，生态环境在进一步地恶化。另外一类是在地震的作用下引起的具有地质灾害隐患的区域，如具有滑坡、崩塌及泥石流隐患的区域。这种类型的区域较前一种类型生态破坏相对较轻，区域内的现存地表土壤层为生物修复提供了良好的条件，生态环境的恢复速度也会相对较快，对防止研究区生态环境遭受进一步的破坏具有重要的作用。因此，在生态环境重建中，必须因地制宜，分步实施。

要根据受灾区的可恢复性和重要性，制定合理的修复期限，考虑关键区域的保护和修复，统筹安排、分步骤分阶段实施，突出修复重点，比如生态修复初期

① 邓东周，鄢武先，张兴友，等.四川地震灾后重建生态修复Ⅱ：问题与建议［J］.四川林业科技，2011（6）：57-61.

的重点是恢复林业生态，恢复重建能力，尽快恢复林木种苗基地，恢复种苗生产能力，为大规模恢复植被提供良种壮苗，同时要解决国道线等交通要道、枢纽水库、重要旅游区、自然保护区、饮用水源地、世界自然和文化遗产等生态敏感区域的生态恢复问题，并要对危害人民生命安全的次生地质灾害隐患进行治理，在关键地段采用工程措施确保地质稳定，为基础设施建设提供保障；生态修复中后期要以林草植被的修复为重点。

（三）调整结构、优化功能原则

坚持恢复重建与发展提高相结合、土地利用结构调整和区域产业结构调整相结合、恢复重建与区域农村发展、经济建设相结合。植被恢复以选择抗逆性强的乡土树种、草种为主，优化树种、草种结构，确保森林植被和生态修复高质量、高效益。

在自然界，植物群落的原生演替存在两大系列：旱生演替系列和水生演替系列。两者均在根本没有土壤的前提下，通过物理、化学和生物的作用，逐步形成土壤，并增加物种，最终形成具有生命力的生态系统。上述过程非常缓慢。以土壤形成为例，自然界形成1厘米厚的土壤需要2 000年以上的时间。这次发生地震的四川西南山地，其生物群落的形成出现在古老的地质历史时期，是旱生演替的结果。尽管如此，生态系统也如生物有机体一样，存在适应环境和自我修复的各种能力。因为土壤还在（可能因地震发生位移），植物的各种繁殖体尚存，生态恢复相对容易实现。地质灾害后的生态演替为次生演替，所需时间为几年至几十年，在时间系列上属短期演替。在这种情况下，生态修复应以自然力为主。利用自然力进行生态修复的过程可以简单理解为"围封"，就是在保证土壤不损失的前提下，促使自然分布的各类繁殖体（种子、孢子、果实、萌生根和萌生苗等）能够"安家落户"并得以自然繁衍。在地球上的任何一个角落，只要有生命生存的条件，这种自然力就无处不在。①

在汶川地震重灾区的区域内，大部分生态系统的退化没有超过生态阈值，均可借助自然力恢复，人工恢复应为辅助措施。自然力恢复尤其适合山地、河谷、草原等。因为这些区域土壤保存较好，且具备植物生长所必需的水、热、光、养分等有利条件。在地震灾区高山峡谷地带的地广人稀区域，更应提倡自然力恢复，避免将经费浪费在人的"无效劳动"上。从2008年汶川地震后，经过几年的自然恢复，可以明显地看到，灾区滑坡区域和山下土壤较厚的地方已被草本层和灌木层覆盖，乔木也开始进入；裸露山体的岩缝里（存在一点土壤），植物顽强生长，对震后的大部分山体采取的自然修复措施已初步见效。

二、生态环境重建的模式

生态环境重建的目的是停止人为干扰，解除生态系统所承受的超负荷压力，

---

① 蒋高明. 地震后生态修复应以自然力为主［J］. 中国自然，2008（5）：4-6.

依靠生态系统自身规律演替，通过其休养生息的漫长过程，使受损生态系统的结构和功能恢复到受干扰前的状态，使生态系统向自然状态演化。在地震重灾区生态恢复重建中，应当尊重自然规律，以生态系统自然恢复为主、人工生态建设为辅。

在"5·12"汶川特大地震灾区及其主要江河流域，集中了一大批国家级或省级自然保护区，灾后生态恢复中，应优先修复和重建这类主要江河流域内国家级及省级自然保护区。因此，必须在全面调查评估各自然保护区物种及栖息地破坏情况的基础上，优先开展卧龙、四姑娘山、龙溪—虹口、白水河、王朗、雪宝顶、唐家河、九顶山等国家级和省级自然保护区受损基础设施设备的恢复重建，抓紧进行自然保护区的栖息地恢复工作，这对迅速恢复这一区域的生态功能具有重要作用。截至2010年5月12日，累计开工林业生态修复项目61个，占重建任务的84.7%，完成林草植被恢复177.6万亩，占38.5%；修复林木种苗基地11 882亩，占32.1%；39个土地整理复垦项目全面启动。

（一）自然生态修复

1. 封山育林

封山育林是指对具有天然下种或萌蘖能力的疏林地、无立木林地、宜林地、灌丛等封禁，保护植物的自然繁殖生长，并辅以人工促进手段，促使其恢复形成森林或灌草植被以及对低质、低效有林地、灌木林地进行封禁，并辅以人工促进经营改造措施，以提高森林质量的一项技术措施。封山育林可以迅速地使森林植被得到恢复，涵养水土、改良土壤、净化空气以及保存生物多样性等；还能提供一系列的林副产品。封山育林采用的是森林生态系统的自我修复能力，能够尽可能地减少人工对生态系统的干预，这有利于防止研究区脆弱的生态系统进一步受到不利影响；在森林生态系统的自我修复和调节下可以形成自然合理的生态群落，保存其固有的结构，更有利于研究区生态系统的长久稳定和物种保护；封山育林的费用低且只需动用少量劳动力进行管理即可。[①]

（1）全封

全封就是将山彻底地封闭起来，禁止山里的一切生产和生活活动。在地震灾区森林资源破坏较为严重且由于地震破坏而无居民居住的区域实行该类形式。在这些区域由于交通的不变和地理位置的偏僻震前居民就较少或没有居民居住，地震的发生使这些地区的基础设施和生态环境遭受了严重的破坏，居民已全部搬迁，区域的人类活动处于停止状态，这就为全封育提供了良好的环境条件。

（2）轮封

轮封就是将要进行封山育林的区域划分为若干段，其中的某些地段进行"全封"，另外一些地段可以进行生产活动。这种封育形式用于研究区有农业生产的区域。在这些区域有部分的农田，在封山育林的同时可以不停止农业生产从而兼顾当地农民的利益。在封育期到后开放封育区域并全封其他区域进行育林，依次

①　周松涛. 北川县地震灾区生态修复研究［D］. 成都：成都理工大学，2013.

进行下去直至完成封山育林的全部目标。

（3）半封

半封就是在平时把山全部封闭，在一定的时间段或季节进行开放，在不对林区造成损害的情况下，允许在封山区域内进行相关的活动，如采野菜、砍材等。这种封育方式在研究区经济条件不好的区域实施。这种封育方式是全封方式的灵活运用，它充分照顾到了封育区农民的利益，同时在封育的过程中也使森林系统发挥了其应有的经济作用。

2. 生态移民

生态移民是指为了保护或者修复某个地区特殊的生态而进行的人口迁移。封山育林是一项既复杂又庞大的工程，它需要研究区的各个部门相互协作共同努力。必要时，封育区要进行生态移民，减少地震重灾区的人类活动对其周围生态环境的影响，减轻灾区生态环境在承载力方面的负担，有利于生态环境的修复和恢复。在实际操作过程中，地方政府要做好人民群众的思想工作，通过宣传和动员，使群众了解封山育林的重要性，最大程度获得当地群众的支持。根据实际情况可以将封育区域的管理和保护承包给个人或企业，这样更有利于封育区域的管理和保护。在封育过程中，积极采用科学的方法进行封育，加强对封育人员的培训和指导，预防和杜绝封育区发生病虫害和植物病。

（二）人工生态修复

生态人工修复是指通过人工方法，按照自然规律，恢复天然的生态系统。它包括了重建、改建、改造、再植等含义，远远超出以稳定水土流失地域为目的的种树，也不仅仅是种植多样的当地植物，它是试图重新创造、引导或加速自然演化的过程。一般泛指改良和重建退化的生态系统，使其重新有益于利用，并恢复其生物学潜力。通过人工的力量有目的地把一个地区需要的基本植物和动物放到一起，为自然界生态系统发展提供基本的条件，然后让它自然演化，最后实现恢复。因此生态修复的目标不是要种植尽可能多的物种，而是创造良好的条件，促进一个群落发展成为由当地物种组成的完整生态系统。

地震重灾区的人工生态修复最主要的是土壤肥力的恢复和物种多样性的恢复。针对地震重灾区发生的滑坡、崩塌和泥石流这三种最常见的生态破坏方式，下面介绍如何通过人工修复进行生态治理。

1. 滑坡的生态治理

地震重灾区的滑坡是指山体斜坡上的土体或者岩体，受地震因素影响，在重力作用下，沿着一定的软弱面或者软弱带，整体地或者分散地顺坡向下滑动的自然现象。山体滑坡使一些地表植被直接被掩埋和破坏，地表失去了大面积的植被，降低了水土的涵养能力，加剧了水土流失，坡体也会因雨水的下渗而变得不稳定，再次发生滑坡。在河岸边的滑坡又会通过其堆积物而对河道生态系统造成影响，山体滑坡形成的堰塞湖使所在河段上游水位上涨，可以直接淹没一些河岸植被，使其遭到严重破坏。

因此，对滑坡的生态治理非常重要。根据地震重灾区滑坡的不同特点主要采用以下三种方法对其进行生态治理：生态袋防护系统、格构防护系统以及客土喷播技术。①

（1）生态袋防护系统

生态袋防护系统是由生态袋和联结扣等组件组成的一个有机系统，此系统的稳定性好。生态袋是该系统的重要组成部分，它是由聚丙烯（PP）或者聚酯纤维（PET）为原材料制成的双面熨烫针刺无纺布加工而成的袋子。它具有无毒、抗老化、可被微生物分解以及具有满足植物生长的等效孔径等特点。该防护系统施工简易，在施工过程中不产生施工噪音和建筑垃圾，可以最大限度地减小施工过程中对研究区脆弱生态环境的影响和破坏；该系统在绿化阶段的植被选择可以多样化，植物根系对土壤的固定作用可以进一步增加系统的稳定性，有利于坡面植被环境的迅速恢复和稳定；在生态袋中可以填充富含养分的土壤以改善坡面贫瘠土壤，有利于坡面植物的迅速生长。②

（2）格构防护系统

格构防护体系是工程措施和生物工程措施的结合。它的坡面骨架是由钢筋混凝土格构以及锚杆等材料组成，它通过保护深层坡体的稳定来增强坡体整体的稳定性。该系统的施工比较方便，所需建筑材料相对较为节省。其主要施工步骤为：削筑多级边坡→整理边坡→开挖格构→钉入锚杆→支设格构骨架→浇筑混凝土→绿化格构。独特的格状骨架可以有效地防止雨水对坡面的冲刷和渗透，从而减小因水分的吸收而产生的坡面物质的风化。格构结构增大了坡体表面的粗度系数，从而减小了雨水在坡面的流速，使得雨水对坡面的冲刷分解为对各个格构结构内的局部冲刷，大大降低了雨水对坡面的损害。

坡面格构铺设后就对其进行绿化，绿化植物选用狗牙根，它具有发达的根状茎和细长的匍匐茎，匍匐茎具有很强的扩展能力，该类草具有很强的繁殖能力和生命力且耐旱，在生长过程中交织成坪，其可以形成本身占绝对优势的植物群落。研究区的气候特征以及土壤条件适合狗牙根的生长，其养护比较粗放。但是，有的滑坡坡面比较松散且土壤质量较差，有的甚至只剩下裸露的岩石，因此在进行绿化时要对格构进行必要的土壤养分补充，以使其达到绿化植物基本的营养需求。

（3）客土喷播技术

客土喷播技术是将客土、长效缓释性肥料和种子以及侵蚀防止剂等按照一定的比例并经专用设备搅拌混合后，利用空气压缩机喷播，使坡面形成植物生长所需要的良好环境。施工的主要顺序为：边坡开挖—边坡刚性骨架防护—客土材料的准备（草、灌木、乔木、耕植土、黏结剂、稳定剂、水）—检验喷播效果—调整后规模生产。③

---

① 陈晓利，邓俭良，冉洪流. 汶川地震滑坡崩塌的空间分布特征［J］. 地震地质，2011，33（1）：191-200.

② 王劲强. 四川某滑坡稳定性分析及防治方案探讨［J］. 建材与装饰，2011（7）：490-491.

③ 程飞，王志琴. 客土喷播技术在高速公路边坡防护绿化中的应用［J］. 科技风，2011（6）：36.

地震重灾区生态破坏及灾后生态恢复建设 对策

2. 崩塌的生态治理

地震重灾区在地震的作用下诱发了崩塌滚石灾害，地震后在余震和降雨的作用下出现了多处崩塌滚石灾害隐患区域。崩塌滚石的速度快，动能大，对居民生命财产和基础设施危害严重，给灾后的重建工作带来了很大的困难。通过对汶川地震重灾区崩塌滚石灾害特征的研究发现，滚石主要分布在边坡的起始段和末段。因此在边坡的首段和末段设置生态坝效果最好，但考虑到施工的实际困难，在地震灾区隐患边坡的末段建立生态坝也能起到很好的效果。

生态坝是一种有效的危岩防治的工程措施，它的主要组成部分为砌体、填土以及其表面种植的植被。生态坝是工程措施和生物修复的一种结合。其工程措施主要是构筑空心砌体，砌体内使用适合植被生长的土壤进行填充，等待砌体内的土壤固结后，在其表面种植乔木以及经济林等植物，生态坝表层植物生长后其根系通过深入土壤，坝体也因此更加稳定坚固，随着时间推移植物根系的固定作用将会越来越大。①

3. 泥石流的生态治理

对于泥石流的生态治理，首先要在地震重灾区泥石流的易发区域的两侧坡面进行护坡，防止泥石流的冲击对坡体的侵蚀而造成坡面垮塌。在地形比较陡峭的地方设置导流堤、急流槽以及束流堤，以保证泥石流按照规定的泄洪方向流下，有效地减慢泥石流的流速，防止泥石流的改向和漫流对生态环境和防护设施造成的损害。在泥石流发生区域的下游修建拦渣坝，并加固泥石流通过路段的涵洞以及桥梁。另外，由于泥石流具有暴发突然、来势凶猛、迅速等特点，因此有效地预防泥石流的发生对减少其危害非常重要，也是防减灾的重要措施和步骤。对于地势陡峭的区域，要积极清除因崩塌、滑坡等原因产生的土石碎屑混合物，以减少暴雨时泥石流发生的物质条件。②

泥石流的发生使这些区域的下游形成了大面积的泥石流淤埋地，这些淤埋区域往往面积较大、地势较为低洼、不适宜建造建筑物。泥石流混合物中的土壤大多来自于其形成区域的地表土，因此其具有一定的肥力，适合植物的生存及生长。地震重灾区一些泥石流灾害的发生区域，由于相关防治措施实施等原因，已不具备泥石流再次形成的条件。因此，一旦这些区域不再发生新的泥石流，在原来的泥石流淤埋地进行植被的人工种植和养护，就会逐渐恢复生态植被。

通过生态修复，地震重灾区的地表植被面积得到了有效的增加，有利于其生态的恢复，使其生态环境开始向好的方向发展，居民的生活生产环境也将随之得到改善。地震重灾区人居环境的安全度在一系列工程措施实施后得到提高；随着生物修复效果的显现，其环境的人居适宜度也将得到提高。因此，生态修复将进一步改善和优化研究区的人居环境。

---

① 李自停，吕桂林，熊斌. 崩塌（危岩）的"生态坝"防护治理技术研究 [J]. 价值工程，2011（3）：76-77.

② 周松涛. 北川县地震灾区生态修复研究 [D]. 成都：成都理工大学，2013.

（三）四川卧龙大熊猫自然保护区地震灾后恢复重建案例

恢复重建国家级和省级自然保护区，重点做好卧龙、白水江等大熊猫自然保护区的恢复重建，恢复大熊猫等珍稀濒危野生动物栖息地。主要开展大熊猫栖息地的落石、倒木清理；以大熊猫主食竹为主的受损栖息地植被恢复；潜在栖息地植被改造；大熊猫走廊带植被恢复与建设，以及对死亡野生动物进行无害化处理，实施大熊猫等珍稀野生动物救治、补充饲料等物资供应。下面以卧龙大熊猫自然保护区灾后恢复重建模式为例进行研究。

1. 卧龙大熊猫自然保护区概况

卧龙国家级自然保护区地处岷江上游，位于四川省阿坝藏族羌族自治州汶川县西南部、邛崃山脉东南坡，东与汶川县映秀镇连接，南与大邑、芦山两县毗邻，西与宝兴县、小金县接壤，北与理县及汶川县草坡乡为邻。自然资源十分丰富，是最重要的大熊猫栖息地。省道303线贯穿全境，距成都130公里。

为加强大熊猫等自然资源保护，1963年建立卧龙自然保护区，面积20万公顷，是中国最早建立的综合性国家级保护区之一。1983年，省政府成立汶川卧龙特别行政区，与自然保护区实行"两块牌子，一套班子，合署办公"，由省林业厅代管，是一个完整的县级行政架构，承担着县级政府全方位管理职能。区内现有在职职工205人，保护区境内包括卧龙和耿达两个乡镇，有6个行政村、26个村民小组，有4 600多农村居民，占全区总人口的90%以上，其中藏族、羌族占总人口的75%以上。

卧龙自然保护区设立40多年和卧龙特区建立20多年来，以大熊猫为重点的自然保护事业取得了显著的成绩，以"熊猫之乡"享誉中外：全区森林覆盖率达57%，植被覆盖率高达98%；野生和圈养的大熊猫数量均居全国之首，参与国际国内交流合作的大熊猫多达45只，赠港和赠台的大熊猫均选自卧龙；1980年与世界野生生物基金会合作建立中国保护大熊猫研究中心，大熊猫科研水平全球领先，率先突破大熊猫人工繁育中的"发情难、配种受孕难、幼仔成活难"的三大难关，填补了世界性技术空白，人工繁殖大熊猫48胎、72仔，成活59仔，幼仔存活率已经连续5年达到100%。圈养大熊猫总数达到80余只，占世界圈养种群的60%。同时也培养出了一支世界上最具活力的大熊猫科研队伍，共发表科研论文近500篇，出版专著9部。区内有世界著名的"五一棚"大熊猫野外观测站；有国内迄今为止以单一生物物种为主建立的大熊猫博物馆。卧龙保护区加入了联合国教科文组织"人与生物圈"保护区网，被列入世界自然遗产名录，已成为中国对外交流的重要窗口。

2. 地震对保护区生态系统的破坏和影响

汶川大地震对保护区内的生态系统产生了严重的破坏，大量地表植被破坏，大熊猫野外栖息地受到严重影响。著名的大熊猫专家，北京大学生命科学院吕植教授，对震后大熊猫的生存环境表示了忧虑。她认为，地震产生的山体滑坡、泥石流，会让已经割裂的动物栖息地更小更分散，对濒危物种受到很大的威胁。保护区内，地震引发的滑坡、泥石流、崩塌等地质灾害十分频繁，灾害造成山体垮塌，造成森林大面积损毁，使大熊猫栖息地被破坏的程度很严重，对大熊猫野生的种群构成了严重的威胁。这主要体现在以下四个方面：

一是破坏和影响卧龙生态和熊猫的栖息地。植被破坏后，会形成荒芜的迹地，导致该区域内的部分动植物生境丧失，威胁当地动植物特别是珍稀动植物资源的生存和生长。造成野生大熊猫住宿的洞穴受损或坍塌，或造成大熊猫喜于居住其树洞的树干斜倒，还使大熊猫活动路线遭到不同程度的阻隔或破坏。被损失的植被可能令保护区的破碎化、相互隔离更加明显。

二是影响大熊猫的食源。保护区内部分水体被污染，一部分大熊猫赖以生存的箭竹被埋没和砸毁，威胁到大熊猫的健康和食物安全。

三是干扰大熊猫的正常生活。大面积、大区域的山体垮塌，给大熊猫的迁移造成自然阻隔，也使很多地方的大熊猫个体之间失去相互联系的通道，形成"生殖孤岛"，雌雄熊猫无法见面，进一步加剧了大熊猫的濒危。如果在灾后重建的过程中对大熊猫栖息地再次破坏，栖息地继续被分割，将很容易造成这一地区大熊猫的近亲繁殖。

四是严重损毁保护区内的保护设施。巡护道路、保护站、护林点、检查站、大熊猫野外监测点以及防火和通信设备均遭受不同程度的破坏，大熊猫圈舍遭受很大程度的损坏。

3. 实施灾后恢复重建过程

卧龙大熊猫自然保护区在重建过程中，面临时间紧、任务重、交通不便、建设工期短、次生灾害频发等困难，同时也面临如何正确处理好保护、重建、发展三者之间的关系等问题。

2009 年 7 月 10 日，四川省委常委、副省长钟勉主持召开会议，专题研究卧龙自然保护区地震灾后恢复重建有关问题。在听取四川省林业厅、卧龙自然保护区管理局负责人汇报后，对涉及卧龙灾后重建有关问题进行了认真研究，给予了明确答复，并提出要求：卧龙灾后重建总体规划风貌要注重与自然生态相协调，与"大熊猫王国"特征相适应，与当地藏羌文化风格相吻合，加快把灾后卧龙建成"世界一流的生物多样性保护基地"。在省委省政府的领导下，在省林业厅的直接指挥下，卧龙大熊猫自然保护区的灾后重建工作正在紧张有序地进行，具体重建内容和过程如下：

卧龙大熊猫自然保护区灾后重建方案的具体内容中，其中很重要的内容之一是大熊猫栖息地的生态修复。对于栖息地生态环境恢复重建，主要开展了大熊猫栖息地的落石、倒木清理；以大熊猫主食竹为主的受损栖息地植被恢复；潜在栖息地植被改造；大熊猫走廊带植被恢复与建设；对死亡野生动物进行无害化处理；实施大熊猫等珍稀野生动物救治、补充饲料等物资供应。

结合卧龙保护区的自然条件和林地破坏情况，大熊猫栖息地的生态修复，主要采用自然修复和人工修复两种不同的森林恢复类型，即封禁和人工造林。充分考虑地震造成的滑坡、崩塌等各种破坏类型，以及森林恢复的立地条件特点，采用先恢复、后提高的原则，循序渐进地推进。生态系统也如生物有机体一样，存在适应环境和自我修复的各种能力。只要土壤还在，植物的各种繁殖体尚存，生态恢复就相对容易实现。在这种情况下，生态修复应以自然力为主，在恢复方式上优先考虑封禁恢复，充分发挥自然力的作用，用较少投入，扩大灾区植被面积，增加植被覆盖度。利用自然力进行生态修复的过程可以简单理解为"围封"，就是在保证土壤不损失的前提下，促使自然生态植被恢复。经过现场考察发现，地震两周年后，保护区内土壤较厚的地方已被草本层和灌木层覆盖，乔木也开始进入；裸露山体的岩缝里（存在一点土壤），植物顽强生长。

人工修复是利用人工的外力对自然界施加影响。在地震破坏较大的区域，岩石崩塌和陡坡处，无法通过自然修复的地方，首先实施地质灾害治理，然后实施人工造林等生态修复工程，帮助大熊猫栖息地的生态得到快速修复。因此，在植被恢复较难的地段，辅助实施人工植树种草。在树（草）种选择上优先考虑抗逆性强的树（草）种，特别注意优良乡土树种的使用。对稳定性较差的滑坡体等地段，应先实施锚杆加固、挂网护坡、土方铺填等工程措施后，再进行人工植树种草。植物配搭应乔、灌、草相结合，多种模式并举。在林种安排上，应以公益林为主，特殊地段可根据实际情况建设风景林、生态经济林。

大熊猫栖息地取食竹恢复是震后保护区生态恢复的重要组成部分。2010年6月5日，"四川'5·12'地震卧龙三江大熊猫栖息地取食竹恢复项目"正式启动，该项目选择受滑坡体干扰严重的大熊猫栖息地，首先进行滑坡泥石流等次生地质灾害治理，然后人工栽植大熊猫取食竹，旨在通过逐步扩大取食竹分布区域，使大熊猫栖息地得到恢复，同时对地震滑坡体区域进行长期监测，科学分析滑坡体植被恢复的速度和动植物演替的规律。该项目对研究震后生态系统恢复、演替具有十分重要的意义。

通过对卧龙大熊猫栖息地灾后恢复重建，不仅使被损毁的大熊猫栖息地得以恢复，同时扩大了大熊猫栖息地。有些地方形成了一个熊猫的生殖孤岛，对这些孤岛上的熊猫，正在进行走廊带的建设，建立一些生殖走廊带，让它们在繁殖季节，雌雄熊猫能够见面，以利于野生大熊猫种群的繁衍和发展。正在和将要进行的工作包括展开地震对大熊猫及其栖息地影响的项目调查、恢复大熊猫栖息地重建科研及保护政策研究、恢复大熊猫栖息地的植被以及重建大熊猫栖息地的监测体系。

三、地震重灾区经济发展与生态重建互动

地震灾后生态修复是一项复杂的系统工程。生态修复内容广泛，要求环保、林业、水保、地质、畜牧等众多部门通力配合，协调运作，更是个自然—经济—社会的复合大系统，是一项庞大的系统工程。因此，应以系统论的观点来看待生态修复工作，将生态修复放入整个灾后重建大系统中，与其他重建工作相互协调发展。这就要求很好地解决地区之间、部门之间、行业之间如何协调，生态建设与产业调整、村镇重建等工作如何衔接等问题，在突出重点工作的同时，加强中

央和地方、个人和集体、局部和整体、部门和系统、当前和长远等利益及关系的协调，通过政府、企业、民众、研究机构、媒体共同努力，形成协调一致的机制，最终实现地震灾区整体生态功能的发挥，促进地震重灾区经济与生态互动可持续发展。

汶川地震重灾区在灾后生态恢复重建时，耕地和林地生态系统的修复重建以及矿区环境的修复是灾区生态重建的重要任务。地震灾害加剧了人地矛盾，生态保护与经济发展的矛盾变得更加突出。因此，要建立起经济与生态环境恢复与保护的互动模式，充分考虑当地的地质条件和资源环境承载能力，合理确定城镇、工农业生产布局的建设标准，做好重建规划环评，对重建的空间布局、发展规模、功能分区、工农业生产力布局等的生态环境适应性进行分析，提出预防或减轻不良环境影响的对策措施，按照区域主导生态功能定位，确定灾区主要产业的发展方向，规范空间开发秩序，切实维护好地震重灾区的生态安全。

重建生态极风险区应尽量将人口向外迁移，或集中于区内少量适宜居住的平坝区域。确需建设的，应合理控制城市规模。严格限制对生态环境产生严重破坏的产业和行业发展，禁止新建和恢复高污染企业，重点发展生态旅游。重建生态高风险区要加大生态保护和建设力度，以人工辅助自然恢复的方式恢复本区自然生态系统。合理选择发展方向，调整区域产业结构，发展有益于区域主导生态功能发挥的资源环境可承载的特色产业，限制或禁止不符合主导生态功能保护需要的产业发展。重建生态中风险区资源环境承载能力相对较高，应有限度进行开发建设。重建低风险区资源环境承载能力相对较高，开发建设活动引起的生态环境风险相对较低，重建条件相对较好。

自然保护区和生物多样性保护极重要区应当明确为禁止建设区，重要水源涵养区和重要土壤保持区应当作为限制建设区，防止恢复重建造成新的生态破坏，以及预防次生地质灾后造成新的损失。在适宜建设区，要以生态环境承载力评估为基础，确定合理的重建规模、重建方式和产业发展方向与布局。

按照大气环境容量合理进行产业布局。广汉市、旺苍县和江油市应针对主要污染源重点突破，确保实现污染减排。彭州市、崇州市、罗江县和什邡市应重点加大火电、冶金、水泥、建材等 SO_2 高排放行业企业的污染削减力度，游仙区和涪城区应加大小锅炉、分散采暖、小煤窑等的治理和调整力度。按照地表水环境容量合理进行产业布局。都江堰市、彭州市、崇州市、旌阳区、绵竹市、什邡市、中江县、广汉市、青川县和旺苍县 CO_2 和氨氮排放总量均超出了容量，应加大治理力度，严格限制发展纸浆造纸、合成氨、酿造、皮革、印染、电镀等水污染排放量较大的行业企业，促进地震重灾区经济与生态互动发展。

第六章　地震重灾区生态环境重建的实现途径

从系统论的视角来看，灾区经济—社会—自然处于统一运转的系统之中。这一系统由若干具有相应特定结构和功能的要素集合而成，每一子系统内部要素间、不同的系统之间以及系统与外部环境间相互联系、相互作用，构成纵向有序、横向有序和动态有序的多级别、多层次有机结构，其运行规律随时间的变化而动态演进。因此，必须全面地而非局部地、开放地而非封闭地、持续地而非间断地、动态发展地而非静态不变地看待这一系统整体及其相关问题。

这也意味着，以自然为核心的生态恢复重建与以人为核心的经济社会发展，是相互依存和相互依赖的不可分割的整体，只有生态重建与经济社会重建协同运作、共同发展，才能谋求更大的整体效应。尤其是灾后生态重建，更是一项庞杂的系统工程，并不仅仅是直接面向自然的生态环境"重新建立"，更涉及灾害对人类基本生存和发展所带来的多方破坏性影响的消减和经济社会基础重构、复苏发展，既涵盖物质环境，也涵盖精神环境，必须区分轻重缓急、通盘考虑、系统规划。因此，相对传统的生态恢复建设，震后生态恢复重建在基本路径和运行机制等方面均具有阶段性和独特性，更为复杂化和系统化。

一、基于"生态文明"观的地震重灾区生态环境建设

狭义地讲，生态文明与物质文明、精神文明和政治文明并列，强调人与自然的协调发展。而广义的生态文明，则是人类社会继采猎文明"自然主宰人类"，以及农业文明和早期工业文明"人类征服自然"之后，所形成的新型文明形态，是人类面对经济社会发展所带来的诸如环境污染、生态失调、能源短缺、城市臃肿、交通紊乱、人口膨胀和食物不足等一系列环境困境进行全面反省，并着力构建资源节约型、环境友好型、生态优良型的和谐社会。① 生态文明的实现，要求人类以人与自然协调发展为一切行动的准则，将此贯穿于人类社会发展各个领域，致力于构建物质文明、精神文明、社会文明等诸多方面有机构成、健康有序的生态机制，其最终成果体现于人类获得的经济物质、精神文化、政治制度等各方面成果的总和。显然，"生态文明"观对人类经济社会发展模式提出了新的要求，强调规模扩张和发展速率、财富积累偏向的传统增长模式，须转向强调质的提升和可持续发展潜力以及资源永续利用、生态环境持续安全偏向的新的发展模

---

① 姬振海. 生态文明论［M］. 北京：人民出版社，2007.

式。也即，经济发展以生态良性循环为基础，适应于资源环境的承载能力，使自然生态环境的自我修复良性循环得以维系；社会则在自我反思中得以进步和变革，低耗、减排、高效、循环的可持续发展精神被普遍认同并在经济社会发展中全面实践。最终，建立起一种经济—社会—自然复合系统共生共存共荣的关系，即人与自然相互依存，充分利用一切可以利用的物质和能源，通过复杂的食物链、产业链和食物网有机联系、互利共生，及时有效遏制人类生产生活对自然生态的负面影响，形成经济—社会—自然复合生态系统的良性循环。由此，"生态文明"观念下的生态重建及发展方式转型至少涵盖三个方面：一是全社会生态文明理念的树立；二是生态建设和生态安全长期可持续；三是经济社会的发展模式及其产业结构、消费方式、社会文明等均基于资源能源节约、循环利用和生态环境友好。[①]

"5·12"特大地震灾区大面积区域位于岷江上游的干旱河谷地区，山高谷深坡陡，水土流失严重，滑坡、泥石流频发，震前就面临十分脆弱的生态环境。地震对区域植被和生物多样性产生了破坏性冲击，而干旱河谷严酷的自然条件更加弱化了灾区内生态环境自然恢复能力，局部区域生态服务功能退化显著；同时，地震引发的滑坡等次生地质灾害，将在未来相当长时期构成威胁和影响，且在时间和空间上具有不确定性，甚至可能导致灾情加剧和空间转移。作为长江上游生态屏障的重要组成部分和我国自然保护区最集中的区域，地震重灾区的生态环境问题，不仅对区域内生态安全和经济社会生产生活造成巨大威胁，还关系到下游广大地区的生态安全和生产生活。

因此，地震重灾区的生态环境重建显然有别于传统的生态环境重建（如图6-1）。传统的生态重建往往更侧重于追求长期生态效应，其功能和目的相对单一。而地震重灾区生态环境重建则内生于整个灾后重建系统工程，在灾后重建的不同时期具有不同的重点偏向和服务功能，有明显的阶段性特征。

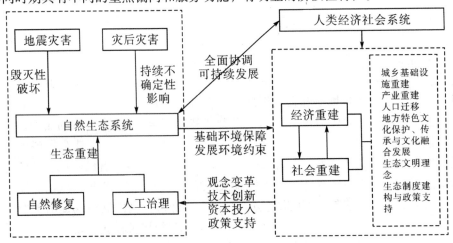

图6-1 基于"生态文明"观的地震重灾区生态环境重建系统

---

① 于进川. 试析灾后重建与生态文明建设的协调发展 [J]. 经济体制改革, 2010（2）: 178-181.

　　具体来看,灾后重建系统涉及三个子系统的重建,即自然生态环境重建、经济重建和社会重建。灾后重建初期,地震重灾区首先面临保障人民群众生命财产安全和快速恢复灾区生产、生活的艰巨任务,生态重建首先表现为为灾后经济社会恢复重建提供赖以依存的基础环境保障,服务于灾后经济社会快速恢复重建,因而更加注重灾区经济社会恢复和发展的主导性、持续性。但从长期来看,由于灾区生态环境本身的脆弱性和地震灾害对灾区生态环境的重大破坏甚而毁灭性打击,灾区内部生态系统自我补偿极其困难,必须大量借助区内生态投入和区际生态价值补偿,进行有力的人工治理干预才能满足灾区生态环境修复要求;否则,灾区的生态环境问题将最终制约区内经济社会的全面恢复重建和持续发展。

　　人工治理干预需要大量投入,涵盖物质和非物质等诸多方面,既要求人类经济社会子系统通过经济重建和社会重建,重新恢复灾区生产能力和激发灾区发展活力,增强区内"造血"能力并实现内生积累和区内生态治理投入。地震再次警示,灾区主要所在的龙门山断裂带区域,其地质构造决定了这一区域不宜进行大规模的人居和高强度开发,而适于建立以生态保护和重建为主的生态功能区,灾区生态环境重建具有强外部性和公共性,须通过强制性区际生态补偿加大灾区生态恢复重建投入。这些,都必将广泛涉及资金投入、区际合作及利益分配、长效激励和监督等诸多方面,涵盖各种复杂多样的投入要素和利益主体,需要通过长效的制度构建和政策支持予以协调和实现。

　　在灾区极度脆弱的生态环境条件下开展人类经济重建和社会重建活动,决定了灾后重建各子系统都必须选择可持续发展路径,经济重建和社会重建所涉及的一切人类活动,包括城乡基础设施重建、产业重建、人口迁移等方方面面,均须遵循自然生态系统的自我调节机制,建立在维持自然生态系统动态平衡的基础之上,严格以生态阈限①为人类活动的底限,并充分利用生态系统的自我调节机制因势利导进行经济社会活动,找准各领域活动的"生态位"②,发挥比较优势,形成自身特色,减少内耗和浪费,提高经济社会发展的整体效率和效益,促进经济社会健康持续发展和与自然子系统间的良性互动、共存共荣。这就要求在物质文明发展和投入的同时,重视社会文明、政治文明等诸多非物质方面的投入,在全社会树立起生态文明的观念,注重地方特色文化的保护、传承和嵌入,以"生态文明"观为基点进行制度重构和据此制定政策支持方案等。

　　一言以蔽之,灾区要获得长期可持续发展的内生动力,必须坚持可持续发展战略,努力寻求灾区社会—经济—自然复合系统的相互平衡、全面协调和整体改

---

　　① 生态阈限原理是发展循环经济必须遵循的基本生态原理。在外来干涉条件下,平衡的生态系统通过自我调节可以恢复到原来的稳定状态。但生态系统的自我调节能力只能在一定范围内、一定条件下起作用,如果干扰过大,超出了生态系统本身的调节能力,生态平衡就会破坏,这个临界限度称为生态阈限。

　　② 生态位是生物在漫长的进化过程中形成的、在一定时间和空间拥有稳定的生存资源进而获得最大生存优势的特定生态定位。生态位的形成,减轻了不同物种之间的恶性竞争,有效地利用了自然资源,使不同物种都能获得比较生存优势,促使自然界各种生物欣欣向荣、共同发展。在复合生态系统中,生态位不仅适用于自然子系统的生物,同样适用于人类经济、社会子系统中的功能和结构单元,只有准确定位才能形成自身特色、发挥比较优势、减少内耗和浪费,从而提高社会发展的整体效率和效益。

善，最终实现灾区经济效益、生态效益和社会效益的协调统一。

二、系统性生态重建：基础环境保障与长效生态服务

如前所述，特大地震造成区域生态系统严重破坏，加之区域生态系统自身的脆弱性，灾区生态重建将面临十分艰巨的任务。由于生态环境资源是人类经济社会赖以生存的基础，因而在整个灾后重建系统中，生态重理应作为灾后重建的核心内容和经济社会重建的基础工程。根据《国家汶川地震灾后恢复重建总体规划》，灾后生态恢复重建的目标是"生态有改善，生态功能逐步修复，环境质量提高，防灾减灾能力明显增强"。从这个意义上讲，灾后生态恢复重建至少包含了三个层面的目标——生态修复、环境整治和生态服务，既涵盖灾后重建初期的应急性生态灾害治理和环境整治，又涵盖长期的生态系统自循环能力重构与面向区域发展的生态生产服务功能全面提升。显然，灾后生态环境重建已不是单纯的环境问题，不能就环境论环境、就生态论生态，其本质是经济—社会—自然复合大系统的生态建设问题，必须按照系统性原则，分阶段、分层次，根据轻重缓急采取综合措施开展恢复重建。

就中短期而言，灾后生态恢复重建的核心目标是为区域经济社会恢复重建提供基础性环境保障，重点涉及人口迁移和安置、村镇重建以及产业重构与布局等人类生产生活活动的生态环境资源基础条件恢复和生态安全。与此相对应，实现生态系统的地表基底稳定性、减少或控制环境污染（如水源地和土壤污染治理、废墟清理、垃圾无害化处理、危险废弃物和医疗废弃物处理等）、修复部分必要的受损生态结构和功能（如植被恢复、土地整理和复垦）等生态重建内容将列入工作重点；同时，加强震后区域环境安全与资源环境承载力再评估以及对震后地质灾害与环境隐患持续监控也成为当务之急，其评估和监测结果将成为灾后经济社会重建及人类生产生活行为的基本考量标准。这些中短期生态重建工程，更多属于灾后应急处置范畴，是基于人类经济社会重建需要的生态恢复和改造。但同时，人类经济社会行为必须与灾后脆弱的生态环境相协调和适应，任何造成生态系统退化和环境污染的行为，都应该得到有效控制。于是，人类经济社会重建系统与生态重建系统间的目标和行为间显现出重重矛盾：一方面，从生态系统本身的结构和功能来看，使受损生态系统恢复到原初状态最合适的方式是通过自然过程即初级演替为主，人类参与的生态构建活动为辅，但对遭受毁灭性破坏的地震重灾区而言，以自然演替为主的过程将极其漫长，并意味着人类在区域内的行为主要是以生态保护为目的的"去生态干扰"的构建行为，这显然与迅速恢复受灾群众基本生活生产条件的经济社会重建目标严重冲突；另一方面，人类经济社会的快速恢复重建，必然涉及大量受灾人口的迁移和重新集聚，与此相适应，损毁乡镇亟须重建、支撑地方经济社会发展的产业亟须重新布局，而灾区本就极度脆弱的区域生态系统，可供开发土地在灾后更为稀缺，资源环境承载力在灾后大大削弱，地震地质持续影响造成的地质灾害可能多次破坏已经实施的生态恢复

重建工程和经济社会重建工程，短期内在极度脆弱的生态环境系统爆发性地集中开展如此大量的区域经济开发活动，无疑将进一步强化生态系统的脆弱性，并构成对生态系统演替过程的不确定性影响和威胁。

但是，以上种种冲突必须得以缓解甚而消解，因为灾区大量人口不可能完全从受灾区域迁出，仍将留存在受损区域生态系统中与生态系统共同休养生息，并且，区域经济发展是生态系统恢复重建不可或缺的"输血源"，而受损区域生态系统必须得以修复，否则人类生产生活将无法存续。这是一个循环命题，必然要求生态系统重建与人类经济社会系统重建相互协调、相互支持、互利发展。因此，从长期来看，生态恢复重建是一个庞大的系统工程，必须放在整个灾后重建大系统中，需要统筹协调地区间、部门间、行业间的关系和利益，在生态重建与人口迁移、产业重构、村镇重建之间寻求一种生态循环平衡。

根据恢复生态学的"生态构建"观念，灾后生态恢复重建将是一个改进和构建的动态过程。生态恢复是其最终结果，而生态恢复的过程则是不同层次上退化生态系统的选择性再生与再发展的过程，这其中包含了生态系统的退化历史、自然主导的演替，以及人类社会的需求观、价值观、经济性、人文性和选择性主导下的生态构建，使被破坏的生态资源环境得以修复并恢复到社会期望的理想状态，能够自我调节且具有长期可持续性，甚而包括与周围的生态景观能够相融合。[①②]因此，生态恢复并非原初系统的简单复制，而是一种生态统筹构建，人类将更加关注生态系统的生产性和其他服务功能，除了对水、土壤、植被进行恢复外，还通过分析受损生态系统的地理位置、气候条件等因素，改进其生态系统环境，对可再生资源的改进和对能源的改造等过程进行恢复，以此构建一个适宜于当前自然条件和生态环境、有利于人类、具有生物多样性、能够自我可持续恢复的良性循环生态系统，恢复、维持生态系统的服务功能，并实现自然景观的新视觉化。[③④⑤⑥⑦⑧]从这个意义上讲，生态重建系统与人类经济社会重建系统则可以成为有机结合的整体。生态重建作为生态系统的再发展过程，必须考虑与地方产业经济相结合，注重与区域间的整体协调发展[⑨]，通过区域能源结构调整、产业

①　胡聃，彭少麟. 生态恢复工程系统集成原理的一些理论分析 [J]. 生态学报，2002，22（6）：866-877.

②　谢运球. 恢复生态学 [J]. 中国岩溶，2003，22（1）：28-34.

③　黄春晖，高峻. 生态构建——恢复生态学的新视点 [J]. 地理与地理信息科学，2004，20（4）：52-55，92.

④　赵晓英，孙成权. 恢复生态学及其发展 [J]. 地球科学进展，1998，13（5）：474-480.

⑤　章家恩，徐琪. 恢复生态学研究的一些基本问题探讨 [J]. 应用生态学报，1999，10（1）：109-114.

⑥　丁运华. 关于生态恢复几个问题的讨论 [J]. 中国沙漠，2000，20（3）：341-344.

⑦　赵平，彭少麟，张经炜. 恢复生态学——退化生态系统生物多样性恢复的有效途径 [J]. 生态学杂志，2000，19（1）：53-58.

⑧　刘照光，包维楷. 生态恢复重建的基本观点 [J]. 世界科技研究与发展，2001，23（6）：31-36.

⑨　包维楷，刘照光，刘庆. 生态恢复重建研究与发展现状及存在的主要问题 [J]. 世界科技研究与发展，2001，23（1）：44-48.

结构调整和技术创新，以生物多样性为基础，以食物链为网络，构建不同层次、不同区域的生态链，促进生态链和产业链的有机结合，以此实现人类经济活动的低碳化、资源可持续开发与循环利用，提高资源利用效率，并通过社会观念改造和制度创新，鼓励植树造林、退耕还林、低碳消费、低碳生活，从而在源头上替代或减少人类生产生活对生态资源环境系统的干扰和破坏，以此推动和加速生态系统自身的动态调节和改善，实现生物群落和谐共存，缩短演替进程。①②

三、低碳型经济重建：生态反哺与低碳均衡

处于经济—社会—自然复合生态系统中的灾后生态重建子系统是一个典型的开放系统，通过自然生态系统自我调节实现生态再平衡，是一个漫长的过程；而前述生态统筹构建导向下的重建，则是与自然生态路径并行推进人工生态路径，要求以科学发展观为指导，以尊重自然、保护生态为前提，以人为本、统筹兼顾，对灾区脆弱的生态系统重塑均衡，通过经济发展方式转变和技术创新、社会观念转变和制度创新，在生态系统改善和演替进程的关键环节取得突破性进展，加速演替过程，缩短演替进程。其本质是要求人类经济社会重建须基于区域资源环境承载力，找准区域的生态位竞争优势，选择一条低碳发展、循环经济的道路，以实现灾区生态系统和人类经济社会系统的整理、重组和整体优化。具体而言，可以从"开源"和"节流"两个维度入手："开源"即更多地依靠制度创新和政策优惠，增加在生态演替关键环节的物质和能量投入，如地质灾害治理工程、植被恢复工程、退耕还林、生物多样性恢复工程等等；"节流"则通过技术创新、社会观念改造和制度创新，实现灾区经济社会发展模式转型，涉及节能减排、低碳生态城市改造、低碳生态工业和低碳生态农业构建、低碳生活方式实践等诸多方面。而其中，自然生态系统是灾区经济社会发展的基础环境和资源条件保障，区域经济发展则为人类在经济社会反哺生态提供坚实的物质基础，最终，形成灾区复合生态系统的低碳循环均衡。

四、资源环境约束下的区域发展转型

汶川大地震的重灾区主要覆盖岷江、涪江、嘉陵江等上游水源区域，横跨两大地貌单元（青藏高原与四川盆地）和三大主体功能区（以成德绵为主的重点发展区、以龙门山断裂带为主的限制发展区和以卧龙自然保护区为代表的禁止发展区），是我国地形地貌、气候、土壤、生物多样性、植被以及人文资源荟萃的重要过渡交错带，区内自然条件极其复杂，景观及其组合类型多样，但山区生态

① 徐玖平，何源. 四川地震灾后生态低碳均衡的统筹重建模式［J］. 中国人口资源与环境，2010（7）：12-19.

② 黄春晖，高峻. 生态构建——恢复生态学的新视点［J］. 地理与地理信息科学，2004，20（4）：52-55，92.

脆弱性强，抗干扰能力弱，严重退化后恢复困难。[①] 其中，10 个极重灾区县（市）的经济发展水平呈现以成都为中心，向周边渐次降低态势，经济外向性较低。震前，受资源环境条件约束，部分重灾区县（市）经济发展水平处于全省落后水平，大量贫困人口和低收入人口在区域内尤其是生态环境脆弱区域分布，茂县、汶川、青川、北川、松潘、理县、平武 7 县均为省级扶贫工作重点县，截至 2006 年，有绝对贫困人口 25 724 人、低收入人口 92 956 人。[②] 大力发展经济，努力摆脱区域经济落后局面一直是这些区域经济社会发展的首要目标。在此目标驱动下，生态脆弱区域的区县（市）几乎无一例外地走上一条高度资源依赖型的高能耗、高排放的粗放式工业发展之路，短期内的确带来 GDP 和地方财政税收增长等利益，但也难免逐渐陷入"环境脆弱—贫困—环境退化"的"资源诅咒"恶性循环。相关研究数据表明，震前重灾区部分地区的原有发展规模已经超出了资源环境的合理承载范围，即突破了生态阈值。而地震则进一步恶化了灾区的区域生态系统，造成严重的生态系统功能退化，如山地水土流失加剧、土壤退化与质量衰退、植被严重受损、水生态系统严重退化、食物链结构改变、自然保护区严重冲击和破坏、大熊猫及其生存面临威胁、生态景观资源破碎化等等，必将进一步强化灾区区域的生态资源环境约束。譬如，前文中我们已经对灾区资源环境承载力与经济发展不相协调的问题进行了阐释，发现灾区可供开发利用的土地面积狭小是灾后区域经济发展面临的最大约束和限制。这里的土地面积狭小，既包括因灾耕地灭失和毁损以及为满足灾后村镇重建的土地"农转非"带来的农业生产用地数量严重衰减，还包括受持续地质灾害影响和基于生态安全考虑的村镇功能定位转变和发展规模压缩。随着灾后人们对生态安全意识的提高和更高生活品质的追求，这种资源约束与经济发展间的冲突将更加突显。

得益于灾后重建的对口援建，极重灾区与援建省市大量的物资和商贸交流为灾区突破封闭、发展外向型经济提供了契机，也使灾区基础设施等高起点、高配置建设，甚至比震前水平提速推进了几十年，为未来经济发展奠定了基础并提出更高要求。但是，地震也同时使本就贫困或收入低的人群陷入更加恶化的状态，甚至部分小康人口也因灾返贫，加之原有部分自然条件恶劣区域内基本生存条件的灭失、农村耕地灭失以及由此而来的人口迁移和村镇重建土地"农转非"，大量受灾群众脱离原有的生产生活方式，仅仅依靠政府救济和社会救助根本无法维持长期生计，急需通过灾区经济社会重建和再发展予以解决。

然而，回顾几年的重建历程，我们发现，整个灾区经济以加速态势发展，但其整体经济发展格局并未发生根本性变化，在相当程度上延续过去的发展模式：农民收入低，农业水利建设滞后和严重失修，耕地大量减少情况下"退林还耕"现象出现，适龄劳动力大量向附近城镇转移集聚或外出务工，农村空心化问题严重；工业结构单一，作为能源和矿产资源集中地，当前及未来相当长时期的工业

①　包维楷. 汶川地震重灾区生态退化及其恢复重建对策 [J]. 科技赈灾，2008，23（4）：324-329.
②　沈茂英. 汶川地震灾区恢复重建中的生态保护问题研究 [J]. 四川林勘设计，2009（6）：1-7.

发展仍以水电开发为主，并加大矿产资源开发利用力度，但目前能耗高、产品附加值低、环境负面影响大、与当地居民争夺资源等问题突出；以旅游业为主的第三产业同质化现象严重，并受到区内众多世界知名旅游地的"屏蔽效应"影响，市场拓展和增长乏力。显然，我们并不能对目前呈现出的灾区经济快速增长过分乐观，如果不从根本上转变传统的区域经济发展模式，经济的快速增长必然很快陷入自然环境和社会发展压力剧增甚至退化的"泥潭"而难以自拔。

资源环境的紧约束，迫切要求灾区区域经济发展转型，必须摒弃传统的高物耗、高能耗、高污染的粗放式发展模式，走低碳循环的可持续发展道路。这将涉及三个方面主体的转型：一是政府职能的转型，即由传统追求经济规模扩张的生产性支持，转向以民生为导向、追求区域共同富裕和经济质的提升；二是企业的转型，从过去严重依赖资源的粗放型生产，通过技术创新和管理创新，寻求一种低碳排放、循环利用的内涵增长方式；三是灾区公民主体的转型，改变"靠山吃山"的传统心态，以及避免灾后重建过程中因应举国援助而形成"等、靠、要"的思想，转而建立起对人与自然和谐共生的新文化观，敬畏自然、尊重自然，充分利用自然生态系统的生产和服务功能，寻求既维护自然生态系统良性循环又能满足自身生存发展的发展模式，低碳生产、低碳生活、生态致富。

未来灾区区域经济发展应以产业结构调整为核心推进经济发展方式转变，构建生态化产业体系。这一方面是一种资源节约型和环境友好型的产业结构和生产方式；另一方面，产业体系内部形成一种相互协同、共生共存的良性循环关系。为此，能源技术和减排技术创新应用、信息化高度融合成为重中之重。产业重构终须"落地"，各个不同的产业具有不同的"生态位"特征，需要根据区域生态资源环境约束条件和产业特征优化空间布局；同时，灾区人口迁移和人居聚落空间也需要重构。空间布局优化同样是低碳循环的生态统筹重构，一方面，产业布局、人口配置格局及其人居聚落空间布局、城镇功能布局等空间结构之间要形成结构和功能相互适应和匹配、区分互补的有机整体；另一方面，各产业、各聚落、各种功能设施的规模配置适度，不能超过人口容量和资源环境承载力，其空间配置要以适宜性分区为引导，充分考虑不同领域的"生态位"特征和民族地域文化的差异性、同质性，对生态资源环境因势利导、形成包含特色文化内涵的比较竞争优势，并与周边生态环境共融共生。

五、生态型产业重建：产业生态化与生态产业化

自然发展规律显示，在自然界生存最久的并非最强壮的生物，而是最能与其他生物共生并能与环境协同进化的生物。这一规律对人类经济社会发展及其产业发展同样适用。自然生态系统中的物质循环，从无机物利用到有机物再分解均以资源形式存在，因而，从理论上讲并不存在废弃物。但在有人类参与的区域经济—社会—自然复合生态系统中，区域生产、生活过程中产生大量废弃物并以多种渠道广泛散布于系统各组分内外，一旦超出生态承载力阈值，则会导致严重环境

污染和生态破坏并最终影响到人类经济社会自身的发展。灾后区域经济发展所面对的自然生态系统极其敏感和脆弱，资源环境承载力极速衰减，生态阈值严重下降，区域经济发展只有与自然生态环境建立起共生合作关系，人类才可能与自然共同休养生息，通过区域复合系统中各子系统内部及系统间的能量流动与物质循环，维持系统自我调节与动态均衡，实现自然生态环境与人类经济社会的共同修复与发展。因此，灾后区域经济发展方式必须全面转型。

"祸兮福所倚"。地震灾害一方面对灾区区域经济造成毁灭性打击，另一方面，也开启了灾区打破传统资源环境超载的区域经济增长模式的契机。灾后重建进程中，社会观念因应灾害得以变革、举国资金和人才大量输入、与对口援助省（市、区）经济联系密切等诸多有利条件，使灾区区域经济发展可以站在更高的起点对传统产业重新"洗牌"，顺势淘汰一批"高投入、高消耗、低产出、低效率"的产业，找准自身的"生态位"竞争优势，转而建立起"低投入、低消耗、高产出、高效率"的生态型产业体系，其实质是建立资源节约型和环境友好型产业体系，意味着产业发展走一条低碳经济和循环利用的道路，并以此加快推动灾区经济发展方式全面转型和促进灾区生态构建。

利用生态型产业重建促进灾区生态构建包含两方面内容：一是按照生态化原则重建灾区产业体系和对既有产业的生态化改造，并构建产业间的类"生物链"结构，即产业生态化；二是充分利用灾区自然生态系统的生产功能和服务功能，以产业化的方式实施生态恢复重建，即生态产业化。二者相互促进，共融共生。

（一）产业生态化

灾后区域经济发展要在充分考虑自然资源和地质条件、科学评估资源环境承载能力的基础上，推进产业结构调整，着力构建生态型产业体系：一方面，充分挖掘特色资源和地域文化资源优势，大力培育特色优势产业，推进一、二、三产业融合发展；另一方面，利用高新技术、先进适用技术和现代工艺改造和提升传统产业，坚决淘汰高耗能、高污染和落后生产能力，推进节能减排；另外，按照循环经济理念，走产业集聚发展道路，促进关联产业、上下游产业及其与资源的生态产业链接，促进废弃物循环利用，推进灾区经济资源节约型和环境友好型建设。

重灾区部分区域地处自然生态敏感和脆弱区域，并位于限制开发区或禁开发区主体功能区内，不宜大力发展工业。灾前大部分区域特色农业资源和山区特产丰富，部分区域少数民族聚居，民族文化资源特色鲜明。大部分区域在对口援建的村镇重建、产业重建过程中，已经关注到依托山区和少数民族特色资源优势，培育和发展现代生态农业、高山中药材及食品等农产品深加工、民族特色文化和生态旅游、地震遗址旅游等绿色生态特色优势产业，促进三次产业融合发展，力图形成特色经济的规模集聚效应和产业链辐射效应。部分区县（市）逐渐摒弃过去粗放的资源提供型为主的高耗能、高污染及分散化发展模式，初步实现了产业转型升级调整。

如异址重建的北川县，震前是典型的农业县，三次产业比例为33∶42∶25，其中农业产值为 7.2 亿元，农业人口约为 13.9 万人，占总人口的 86.9%，农民人均耕地 1.86 亩，人均收入 2 831 元，资源环境耗费大，土地经营规模小，效益低；工业基础相当薄弱，主要有水电载能、矿产建材、农副产品加工三大产业，分布散乱、占地较多、污染较大。在充分调研和分析当地资源环境条件的基础上，对口援建的山东和北川共同确立在北川新县城东南角建设 1.44 平方公里的北川工业园。产业园区定位为北川县最主要的工业基地，成德绵经济圈的重要组成部分，承担着引领北川工业发展、承接成德绵产业转移和辐射、开拓西部大市场的重要平台三大功能，重点发展新型建材、药品食品加工、机械制造、电子信息、文化旅游五大产业。在承接东部地区产业转移上，北川工业园区主要围绕绵阳"西南地区著名科技城"的产业优势，集中于技术引入与技术合作、关联配套、上下游对接等领域，如在 PDP 配套材料、金属粉末等方面与长虹集团专题对接，引进合作企业入驻园区。同时，产业发展走一、二、三产业联动的路子，充分依托北川及周边地区丰富的高山中药材、果蔬、茶叶、林木等农副产品资源，着力引进一批药品食品加工企业，就地取材进行农产品深加工。如全国有名的山东寿光蔬菜集团公司就在北川设立了维斯特农产品深加工项目，涵盖现代农业示范园、农特产品交易中心、农业实用人才培训中心、农业信息服务中心以及与四川农业科研院所联合建立的高山农业研发中心等配套功能设施，并通过"公司+基地+农户"、"公司+农户"、"公司+专合社+农户"等多种形式，建立起与当地农户的合作，带动灾区农民共同致富。此外，北川抓住羌族聚居的特色文化之"魂"，通过打造羌族特色商业步行街、保护和开发羌绣等民族特色产品，培育发展民族文化旅游产业。再如汶川水磨镇，震前布局着省级"能源高耗能经济开发示范区"以及阿坝州工业经济园区，聚集了铁合金厂、炼硅厂、造纸厂等 63 家高能耗、高污染企业，水磨镇为此付出了沉重的代价，曾经美好的自然生态环境受到较大污染和破坏。地震使水磨工业经济遭受毁灭性打击，全镇 55% 的房屋倒塌，水、电、道路、通信等基础设施几乎全毁，45 家工业企业严重受损。灾后重建由广东省对口支援水磨，近 6.9 亿的援建资金相当于水磨前后所获财政资金的 3 倍还要多。按照国务院《汶川地震灾后恢复重建总体规划》，阿坝州水磨镇工业园区属于撤并范围。水磨借机实现了工业外迁、腾笼换鸟，推动产业升级和全面转型。原来的 63 家工厂除 5 家低排放企业外全部搬迁，从传统的农业和高耗能工业占优势的落后产业结构跨越式升级为以旅游业和教育产业占优的第三产业为主导。围绕水磨地处阿坝州连接成都、四川沟通西北的重要门户和交通走廊的区位优势，依托优美的生态环境，挖掘大禹文化、西羌文化等特色文化，水磨以集镇为重点，重建规划和建设紧密结合民生、生态与文化，按照宜居宜休闲的构想，提出把水磨建成"汶川生态新城，西羌文化名镇"，并将原县城阿坝师专、威州民族师范学校等教育机构迁入，形成旅游、教育、人居、商贸为一体的现代服务型小镇，同时，依托温润潮湿的气候优势和山区农特产优势，壮大发展茶产业，扶持茶业龙头企业做大做强，带动发展集茶产业基地、茶产业开发、茶文化旅游于一体的产业经济链；同时，启动现代农业示范园区建设，积极发

食用菌、花卉、甜樱桃、猕猴桃等经济价值高的农产品和加工业，鼓励扶持生态养殖业及加工业发展。农业与旅游业、商贸业深度融合，灾后的水磨人从农业外延经济效益的扩展中，实现了就地就业和增收。

当然，北川和水磨灾后产业重建转型作为典型个案，其未来发展状况及其与自然生态系统构建之间的互动成效，仍需假以时日静观其变，但两个样本的实践无疑提供了在灾后区域资源环境约束条件下建立三次产业间的生态产业链条，和谐人与自然的关系，以工业反哺农业并带动农业现代化改造和产业升级，实现区域共同富裕的发展思路，为灾区摆脱"资源诅咒"，发展经济、治理贫困、增收致富并促进生态保护与修复提供了有益借鉴。

（二）生态产业化

发展与保护始终是一对矛盾。"要环境还是要发展"一直是摆在地方政府面前的两难选择。我国 30 年的经济高速增长以低成本、高积累的粗放增长方式，已经造成严重的环境资源问题并逐渐显性化，环境治理的速度似乎永远跟不上环境退化的速度。也有人认为，环境恶化是经济发展所必须支付的成本，在摆脱贫困与保护环境面前，经济发展优先，等经济发展起来了再回过头来治理环境也未尝不可，众多西方发达国家也经由这样一条路径发展而来。国家已经制定了主体功能区规划，各省（市、区）也对此有相应规划并根据不同分区制定了区域开发与保护政策，但是限制或禁止开发区强调的经济开发活动仍然屡见不鲜，沿江沿河及生态敏感区和脆弱区仍有大量高污染、高能耗产业密集分布。这一方面与政府政绩考核驱动等体制机制障碍有关，另一方面，则源于生态环境保护本身的强公共产品性质。限制开发区或禁止开发区往往是重点开发区的水源地或生态屏障地，严格地执行生态保护战略从而最小化人类对自然生态的干扰活动，必然制约一地经济发展，而重点开发区域则成为生态环境保护的最大受益者。显然，就纯粹和小区域范围的保护而言，生态环境治理并不能很好解决发展与保护之间的矛盾。地震重灾区生态恢复重建更是如此。一方面，灾区经济社会需要快速恢复重建，大量经济开发活动集中开展，对生态环境的干扰强度增加，无异于在愈加脆弱的生态系统上雪上加霜；另一方面，工业化和城镇化进程引发环境污染和生态加速退化的同时，农业等以生态环境资源为基本生计来源的农业等领域，则更易陷入"资源诅咒"困境。单靠灾区内部的积累和投入，难以突破资源环境困境。

解决外部性最有效的途径之一，就是改变市场交易规则，使外部性内部化。对于灾区生态环境重建而言，就是要实现"生态资源全值化"和"生态功能有偿化"，通过市场经济手段，使各经济活动主体按"有偿使用"原则参与到生态资源环境利益分享中，并按"谁投资谁受益"原则参与到生态治理投入中。传统的按照效用理论和边际理论测试的生产、消费过程，忽视了自然生态资源与环境在其中的重要作用和成本支付，造成诸如矿产、能源资源开发产业等相关领域低估资源开采对生态系统的价值损害，从而导致低成本开发利用与高利润回报，以及对自然生态资源的掠夺性开发和破坏。而"生态资源全值化"，则要求对自然生态资源使用的价格确定要体现自然生态资源的全部真实价值即完全价格，包含"显值"和"隐值"之和。①"显值"是利用生态资源所需的直接成本投入，而"隐值"则是这种利用活动造成的自然生态价值缺失衡量。如此，由完全价格衡量机制决定的自然生态资源价格应该体现其完全价值，被低估的生态资源价格应该得到修正，过去对生态资源环境"免费搭车"、"只取不予"的经济活动主体因其"付费使用"，因其免费使用的生态价值成本内化，将重新权衡"成本—收益"而改变自身策略和行为，从而有效遏制区域经济开发中的资源耗竭与环境破坏，促进生态环境的维护和修复。显然，"生态资源全值化"决定了"生态功能有偿化"，除开部分经过全价值衡量得以修正价格的生态资源产品直接进入市场消费外，部分服务于生命保障系统如调节气候、水土保持、水源涵养和供应、防风固沙等无法直接进入市场，具有较强外部性的生态服务功能，则需要通过建立健全区际生态补偿机制来实现，简单地讲，下游"喝水"的人要为维护生态功能付出代价的上游人支付必要的"吃饭钱"，同时，这也是下游人有偿享有这部分生态功能的必要支付。

但是，"上游人"除了要吃饭，还要谋发展。自然生态资源环境除了基础服务功能外，本身具有部分生产功能，对此因势利导地善加利用，合理开发生态资源产品并构建相关利益群体特别是当地群众参与的利益分享机制，按照"谁投资谁受益"的原则，不仅能让依托生态环境生存的群众在保护生态资源的同时开发获益，同时，也能吸引社会资金参与到生态资源的保护开发中来。

汶川地震灾区独特的地形地貌和复杂多变的自然环境、立体多样的气候资源，孕育了这一区域丰富的生态旅游资源和农特产品，同时，这一区域又是少数民族迁徙的重要走廊带，人文旅游资源独特丰富，并有地震形成的堰塞湖、破碎建筑遗址等新的地震地质、文化旅游景观。整合开发这些得天独厚的生态人文资源，大力开发生态旅游、文化旅游以及生态食品和农特产深加工、高山药材、少数民族文化产品等相关产业，推动生态特色农业现代化，在生态系统内外寻求生态构建与地方产业经济的融合，并借以实现自然生态环境改善和功能修复、区域经济持续发展与灾区群众脱贫致富的多元化目标。

但需要强调的是，生态产业化的过程，也须实施生态化控制，以生态资源为依托的相关产业，仍需按照生态循环经济的理念，形成合理布局和共生互补的循环型产业链结构，符合资源环境承载力阈值约束，强化资源节约和废弃物资源化与循环综合利用，将减量化、再使用、再循环贯穿产业链始终，尽可能实现资源和能量在系统中的循环往复运动。

六、生态型城镇化：空间适宜、文化差异与地域特色

城市化是人类生产和生活活动在区域空间上的聚集，是现代化过程的主要内

---

① 任正晓. 生态循环经济论：中国西部区域经济发展模式与路径研究［M］. 北京：经济管理出版社，2009.

容和重要表现形式。而城镇化则是中国特色的概念，包含了中小城市和小城镇的发展及其对农村劳动人口等资源要素的吸纳，以及经济活动集聚与城镇社会文化形成。城镇化一方面利于基础设施和公共服务发展、经济活动专业分工深化与空间集聚效应发挥，是改善人民生存环境、提高社会生产力和生活质量的主要途径，同时，也是居民从农村分散居住向城市集中居住转变并获得更好生活条件和生活质量的过程。[1][2]地震使灾区城镇体系遭受重创，四川、陕西、甘肃3省重灾区涉及51个县（市）1 264个乡镇，城镇基础设施和公共产品，以及连接城镇的道路、通信等基础设施损毁严重，大量建筑物倒塌，部分城镇沦为一片废墟，因灾死亡或失踪人口主要发生在城镇。仅以北川县为例，县城人口因灾死亡率近50%，而农村地区人口死亡率约为1.5%。城镇既是"人工与自然复合的复杂结构"，是人类最富想象力、最雄伟的创造，同时也是人类自我创造出的最危险的家园。[3]但是，与经济发展伴生的城镇化潮流不可逆。灾后不仅需要重建大量村镇和中心县城，更需要重新审视区域资源环境约束条件，按照生态型城镇建设理念，科学重构灾区城镇体系和新农村体系，为灾区居民提供安居乐业的场所，并为灾区经济发展提供经济聚集的空间载体。

"生态城市"概念是在人类快速城市化进程中，居住和生产方式从分散转向集中并不断伴生环境、安全、能源、社会、水资源等诸多问题而提出的，旨在实现经济、社会、环境、文化的和谐统一，形成自然、城市与人有机融合、整体互惠的共生结构。因而，"生态城市"更加强调城市居住环境的安全、和谐和舒适，同时，要求把城市所消耗的自然资源、能源、二氧化碳等排放以及对生态环境的干扰减少到最低程度。灾区城镇重建受到地震后持续的地质灾害影响，也面临土地等自然资源的瓶颈制约；但同时，由于灾后重建大量资金输入和对口援建省（市、区）的技术、人才支持，以及因此而带来的经济外向型联系，灾区城镇基础设施在短时间内实现了飞跃性优化升级，有条件按照生态型城镇建设要求和抗震型生命线工程保障，实现城镇服务功能质的飞跃和抗灾保障能力的跨越式提升，这不仅是震后自然资源条件退化的"倒逼"，也是人类经济社会与自然生态环境之间矛盾冲突日益剧烈的内在要求。

灾区城镇重建的"生态型"发展模式，首先要求城镇及新农村建设本身按照绿色、环保、低耗、减排等发展理念规划建设。玉树地震后的灾后城镇重建即尝试建设生态型、低碳型玉树，将重建后的玉树定位为"高原生态型商贸旅游城市"，重建规划及实施从十个方面提出标准和要求[4]：①绿色节能建筑占主体（≥90%），即一方面通过建筑结构创新和材料创新，强化建筑的隔热保湿能力，

———————————

① 国务院发展研究中心课题组. 中国城镇化：前景、战略与政策［M］. 北京：中国发展出版社，2010：1-4.

② 四川省人民政府研究室. 加快四川省新型城镇化对策研究［R］. 成都：四川出版集团，天地出版社，2011：1-4.

③ 仇保兴. 灾后重建生态城镇［J］. 城市建设，2008（10）：8-13.

④ 仇保兴. 生态城规划原则在玉树灾后重建中的应用［J］. 住宅产业，2010（8）：10-16.

另一方面，因地制宜地大量使用太阳能、地热能等清洁能源，与此相适应，城镇空间布局避免带状等过度分散化布局，而采用紧凑的城市空间结构的组团化布局以减少供能损耗、提高集中处理排放效率；②绿色交通优先（≥60%），即倡导TOD导向（公共交通导向）、步行、自行车等绿色交通优先，这也对城市空间和公共设施提出了新的要求，各功能分区间的距离和功能设施的合理混合布局，以满足短距离出行和方便出行为基准；③绿色施工与建筑垃圾回收利用（≥90%）；④绿色能源自给（≥60%），如提高水电利用效率，开发利用风能、太阳能等新兴清洁能源；⑤绿色照明为主角（≥80%）；⑥低冲击生态水系为基础（≥70%），强调水系的生态化改造与景观化相结合，也即水资源保护与开发利用的结合；⑦绿色产业为主业（≥80%），即节能照明设备和独立清洁能源照明设备的广泛运用；⑧清洁燃料占主导地位（≥50%）；⑨高效污水和垃圾处理（≥90%）；⑩无线城市，即通过信息化和数字化建设实现人与人之间的商务、通信联系，"少用能源，多用信息"。这为汶川地震灾区灾后城镇重建的生态化提供了完整的现实参照蓝本。当然，在生态城镇重建和生态化改造中，通过扩建与节能生态和应急避难场所相结合的绿地系统、建设与地质灾害危险区相结合的生态公园，以及做好地震遗址保护和资源合理开发等项目，也显得十分重要。

除开城镇建设本身的生态化外，生态型城镇化还要求城镇体系在空间布局、功能分工等方面符合资源环境承载力要求，找准不同地域的"生态位"特点和历史、民族文化内涵，形成空间配置适宜、文化特质突出、地域特色鲜明、功能分工互补的类生物链结构，并通过不同城镇间的物质、能量、信息流交换，构建城镇体系的网络化联系并带动农村腹地发展。

汶川地震重灾区城乡人口与居民点表现出明显的空间配置差异：沿广元朝天区—绵阳江油市—绵阳安县—德阳绵竹市—成都都江堰市一线乡镇受灾严重，其走向基本与龙门山大断裂带分布及走向一致。以此为界，其西部地区各乡镇人口规模小，人口密度低，人口城镇化水平低，民族人口集中，人口震亡量大，总体上表现出城乡人口与居民点空间配置适宜性较差；而其东部地区，尤其是东南部的成都—德阳—绵阳地区各乡镇人口规模和人口密度大，民族人口较少，人口震亡数量相对较少，总体上表现出城乡人口与居民点空间配置的适宜性较好。[①]再从灾区城镇震前整体空间分布和城镇形态来看，适应于复杂的自然地势条件，受灾乡镇规模主要以中小型为主，人口2万~10万人，在漫长的演进过程中与自然环境形成了较好融合，如汶川老县城即在山水分割中自然形成多组团、紧凑式的城镇空间格局。这实质上是人类经济社会因应自然生态环境条件而做出的适应性演进实践，自然生态环境也因人类活动的参与经历持续演替过程。

灾后重建的城镇体系要在全面分析灾区生态环境发展历史、现状与趋势的基础上，充分考虑重建区域的人口容量及资源环境承载力，依据产业、人口与居民

① 方创琳，吴丰林. 汶川地震灾区人口与居民点配置适宜性研究［J］. 城市与区域规划研究，2010（1）：63-78.

点空间配置适宜性分区导引，合理确定城镇人口规模和产业结构，尽量避开龙门山 3 条主断裂带通过位置及沿线地区和高山峡谷地区，避开生态环境脆弱、自然灾害多发地区，最大程度地提高城镇避灾和抗灾能力。尽量在人口较为密集、自然条件较好的空间配置适宜度较高的区域发展中心城市、次中心城市和中心镇；适宜度较低区域仅布局一般乡镇，而在不适宜的区域，除因考虑少数民族的历史沿革和文化习俗布局必要的民族乡镇外，应原则性禁止布局中心城市、次中心城市和中心乡镇，对已完全不具备基本生存条件的区域或生态极度脆弱的区域，实施必要的生态移民策略；新农村建设体系同样应充分考虑自然生态条件和当地农村历史与文化因素，因地制宜、合理布局。城镇风格和功能分工尽可能延续各地域历史文化脉络，特别是少数民族原生态的建筑风格、民俗风情和生产生活方式，形成各城镇独具一格的城镇风貌和特质，尽量避免大规模异地重建。最终，形成与灾后产业、人口和居民点空间配置适宜性相适应、继承和延续原有文脉、分工合理、功能互补、特色各具的城镇体系。

七、科学"生态位"定位下的空间结构优化：生态功能区建设

我们已经反复提及，生态型的灾后重建要以资源环境承载力为基础，依据区域"生态位"竞争优势合理布局产业与人居聚落。落实到实践，即是对灾区重建实施主体功能区划分类指导，以此实现产业和人居的空间结构优化，适应和服务于生态构建，并促进自然生态系统加速演替。

根据国家国土规划的主体功能区划，汶川地震灾区跨越了以成德绵为主的重点发展区、以龙门山断裂带为主的限制发展区和以卧龙自然保护区为代表的禁止发展区。另据国家《汶川地震灾后恢复重建总体规划》，灾区重建规划区根据国土开发强度、产业发展方向以及人口集聚和城镇建设的适宜程度，被划分为三大区域——适宜重建区、适度重建区和生态重建区。适宜重建区主要包括四川成（都）德（阳）绵（阳）经济区、甘肃天水经济区、陕西关中经济区重要组成部分，区域资源环境承载能力较强，灾害风险较小，适宜于推进工业化城镇化，集聚人口和经济，建成振兴经济、承载产业和创造就业的区域。适度重建区主要分布于四川的龙门山山后高原地区和山中峡谷地带，甘肃的西秦岭山区，陕西的秦巴山区，以及其他应当控制开发强度的区域，区域资源环境承载能力较弱，灾害风险较大，将根据保护优先、适度开发、点状发展原则，建成人口规模适度、生态环境良好、产业特色鲜明的区域。生态重建区主要分布于四川龙门山地震断裂带核心区域和高山地区，甘肃库马和龙门山断裂带，陕西勉略洋断裂带，以及各级各类保护区等，资源环境承载能力很低，灾害风险很大，生态功能重要，建设用地严重匮乏，交通等基础设施建设维护代价极大，将以保护和修复生态为主，建成保护自然文化资源和珍贵动植物资源、少量人口分散居住的区域。①

---

① 《2008 国务院关于印发汶川地震灾后恢复重建总体规划的通知》，国发〔2008〕31 号。

灾区所涉及的两类区划分类区域高度一致。显然，各类区域的主体功能、恢复重建重点以及资源配置重点取决于区域资源环境容量和承载力。尽管各类功能区划在恢复重建方面的重点不同，但作为区域可持续发展的基础支撑系统的生态恢复重建则同时在三个区域同时展开，重建分区与主体功能区划将在重建中实现有机衔接、相互支撑。适宜重建区或重点开发区，其生态恢复重建的关键是高度重视人地矛盾和水资源、环境问题，严格执行规划环评程序，通过生态化的产业重建和布局，以及生态化的城镇化建设，实现人与自然的和谐共生。适度重建区或限制开发区，是重要的水源涵养地和土壤保持区，其生态恢复重建的核心在于严格空间管制和开发强度控制，审慎布局适度规模乡镇，因势利导利用当地生态资源重点发展生态农业、生态旅游等生态产业，以产业生态化和生态产业化，提高生态产品数量和质量，促进当地居民生态致富与生态环境修复、维养良性互动。生态重建区或禁止开发区，承担着生态屏障等生态服务主体功能，其生态恢复重建的重点在于尽可能减少人类活动的不良干扰，尽量降低典型生态脆弱区和自然保护区周边地区的人口密度，对必要区域实施生态移民，或重点利用山区平坝、河流阶地、山麓缓坡和山前丘陵等水源充足、地质安全的区域集中配置人口[①]，严格限制对生态环境干扰强烈的产业发展，以保护为前提有限度地开发生态农业、生态旅游等生态产业，同时，以自然生态系统自然修复为主，加大人工生态辅助治理投入，恢复和提升区域自然生态系统的生态服务功能。

八、反思型社会重建：观念重构与制度支持

从社会生态学的视角，人与自然的关系紧张和对立，其实质是人与人之间关系的紧张和对立。"生态困境"根植于深层次的社会问题，借由不合理的社会观念、社会体制机制、压迫性的社会结构、专断的社会组织形式与单向的社会管理催生并强化社会非生态的发展理念和生产生活方式以及科技异化，并引发人类食欲膨胀和对既得利益的争夺，从而无节制地对自然进行攫取、占有与压迫。[②]因此，要从根本上抑制生态灾难，重构人与自然的和谐秩序，必须以一种批判和反思的精神，从社会观念转变到社会制度变革，重建人与自然的和谐秩序，从根本上消除人与人之间以及人与自然间关系的异化，从而维系经济—社会—自然生态系统的循环均衡。

其一，敬畏自然、共生合作观念的缔造。在人类科技不断进步的今天，我们往往因不断征服和改造自然的成果而沾沾自喜，自我意识膨胀，从最初刀耕火种时代敬畏自然转而走向征服、利用和占有，科技进步也在某种程度上成为人类向自然无度索取的利器。于是，人类在将自然放在对立面的同时，也使自身陷入严

① 方创琳，吴丰林，李茂勋. 汶川地震灾区人口与居民点配置适宜性研究 [J]. 城市与区域规划研究，2010（1）：63-78.

② 牛庆燕. 重建生态平衡：自然生态——社会生态——精神生态 [J]. 中国石油大学学报，2010（4）：77-81.

峻的生态困境，并最终品尝到来自自然生态系统的残酷"报复"。汶川大地震再次向人类警醒人类相对于自然的渺小和脆弱，人类需要在灾后继续繁衍生存，必须面对更加脆弱的自然生态环境，并只能小心翼翼地寻求一种人与自然共生共存的生存发展路径。这意味着灾区人类社会观念的重构，人类必须重新审视既有的发展观和生产生活方式，在全社会重新建立起对自然的敬畏之心，倡导生态文明观的形成，并谋求与自然生态系统共生合作的和谐关系。在这一过程中，生态道德责任的重构也显得十分重要，当代人对维系自然生态平衡的必要支付，是后代人维系生存和发展的保障，只有对自然资源进行可持续开发利用才能为人类文明永续发展提供不竭的动力。同时，注重地方社群文化的支持性嵌入，是利用社会观促进生态重建的有效实践路径。灾区群众特别是长期生存于自然环境条件恶劣区域的群众，在依托脆弱自然生态系统维系生存发展并维护生态系统方面积累了大量有效实用的地方性知识，而聚居于这些区域的族群或少数民族，也因此形成了独有的本土社群文化，大多对自然怀有一种敬畏之情，如图腾、宗教、族群规约等各种非正式制度，以及与之相适应的社群组织结构，这些地方性社会网络和管理方式是生态恢复重建过程中不可或缺的因素，其支持性嵌入将在因地制宜推进灾后生态重建中发挥重要作用。

其二，政府主导的制度变革和政策支持。生态重建不可避免的外部性和公共性特征，决定了政府在生态重建中重要的主导地位。这种主导并非意味着政府在生态重建中各个微观领域的直接介入，而是强调政府作为社会公众和公共利益的代表和唯一具有法律权威的组织，有责任和义务在生态重建和生态治理中发挥应有的引导、资助和协助作用，承担起必要的政策偏向、资金支持、技术指导、信息提供和人力资本支持等职责。不同等级的政府对于地方生态治理目标的偏向具有明显差异，越是高级别的政府，越偏向于生态服务功能的维护，而越是基层的政府，迫于区内经济发展致富和来自上级以经济增长为导向的政绩考核压力，则更偏向于利用生态资源环境发展生产。因此，政府主导的制度变革和政策支持，应该是一种自上而下的全面变革，意味着整个行政管理体制的目标偏向转变，即由过去追求经济规模扩张和量变的生产支持型政府，转变为追求经济内涵提升和质变并服务于民生的公共服务型政府。相应地，政府考核体系将弱化 GDP 导向的经济增长考核，而转向民生优先和生态均衡主导；政府公共支出也因此更多偏向于民生工程、环境工程等领域。此外，经济领域的资源全价值化及其价格形成机制改革、主体功能区划严格导引的产业和城镇发展空间管制、区际生态补偿机制的建立和完善等相关改革，都将纳入工作重点。

由此，由地震开启的灾区社会整体反思和变革，将形成对生态恢复重建的强力支持，并传导至经济社会的各个领域，促使灾区经济—社会—自然复合生态系统的建立和循环均衡。这种由人主动参与的经济社会整体变革也将形成向灾区外的"溢出"效应，进而对推动全社会回归人与自然的和谐秩序发挥重要作用。

第七章　促进地震重灾区
生态环境恢复重建的政策建议

地震严重破坏了灾区生态环境和自然资源，削弱了区域生态系统的功能，将对区域经济社会可持续发展产生长期、广泛的影响。灾后区域生态环境恢复重建，既是恢复人类生产生活的基础资源环境保障，也关系到人类文明的长久延续与发展；而同时，人类的生产生活活动，也将持续地、全方位地渗入自然资源环境系统并影响其演替过程。灾后区域生态环境保护与恢复重建，已经不是单纯地"就生态而生态、就环境而环境"的问题，而是涉及灾区经济—社会—自然生态系统的综合性问题。只有摒弃传统的生态保护思路，以促进人的全面发展为最终归宿，在尊重自然演替规律的基础上，把人与自然共荣共生的理念贯穿于灾后区域经济社会发展的各个方面，从生态恢复重建、生态资源开发及区域产业发展、区域人口布局与城镇发展、区域生态补偿以及与此相关的技术、资金、政策等各个方面共同推进，从而最终实现灾区经济—社会—自然生态系统的良性循环、协调发展。

一、生态恢复重建及保护政策

特大地震灾后生态重建是个世界性难题，没有成熟完整的现成经验可供借鉴。同时，因地震对灾区生态环境的急剧性、大规模破坏和灾后生态环境的脆弱性、自然演替的复杂性以及受灾后隐患性和突发性灾害影响，震后生态恢复重建将是一个长期、动态和持续的过程。震后3个月，国家发改委即会同多部门联合发布了包括《汶川地震灾后恢复重建生态修复专项规划》在内的6部灾后恢复重建专用规划，对生态系统修复、环境整治、大熊猫栖息地及自然保护区恢复、基础设施恢复重建等方面进行了灾情分析与规划。几年来，灾区生态修复主体任务已基本完成，效果显著。但国内外灾后生态重建的理论研究和实践经验证明，灾后生态恢复重建至少需要10~20年持续不断地建设，才能实现灾后生态系统修复和生态功能发挥。主要覆盖四川省的地震灾区，本身就是自然生态环境脆弱、自然生态灾害高发频发的区域，地震灾害造成的生态破坏点多、面广、毁损严重，地形地貌复杂多变、生物系统多样，大量生态基础设施项目地处偏远、施工条件差，受诸多主客观条件的限制，前期生态修复规划及投入主要集中于应急性重建基础工作，如震后出台的生态修复专项规划所提出的主体修复目标实现期限为3年，后续目标则通过"再经过一段时间的努力"来实现。

地震灾区仍然面临严峻的生态问题，随着时间的推移，对地震灾害生态损失及其危害估计不足、震后新发或突发性动态灾情超出规划预判范畴、可持续性生态修复项目及投入缺乏、灾区干旱河谷地段等典型区域生态修复技术难以突破等问题逐一显露，灾区生态修复仍面临艰巨、长期的任务。

（一）尊重自然规律，坚持以自然修复为主、人工修复为辅的长期可持续治理原则

地震对灾区生态系统的打击是全方位的，受损生态类型复杂且相互关联，难以在短期内恢复到震前水平，植被和物种恢复并发挥生态系统服务功能必然是一个漫长的历史过程，地质灾害等灾害影响甚至会持续 10～20 年甚至更长。灾区的生态修复必须尊重自然规律，根据灾区自然资源、生态区位、经济社会发展状况等情况分区分阶段确定生态修复任务和技术路线，人类活动较少区域宜采取封山育草育林和人工促进自然恢复等措施，主要依靠大自然自己的力量实现恢复重建；遵循科学规律推进生态修复，比如科学区分自然恢复和人工修复地区，采用不同的修复方式；按照先易后难、避免二次破坏的原则，科学确定修复重建时序、技术路径，实行林灌草相结合、山水林相协调；组织专业技术力量开展科技攻关，实地筛选适应流域内不同海拔、土壤、坡度和气候的林草品种和技术，推广先进适用的科技成果。自然保护区要特别强调恢复其原有地带性植被和物种，防止外来生物入侵；人口相对集中区域则重点考虑经济社会活动与自然生态的和谐共生，重点治理具有安全威胁性的地质灾害，注重以生态型产业经济发展促进生态恢复重建，大力实施水土流失治理和人工育林、流域防护林建设等干预工程，提高生态系统服务功能和改善人居环境。震后生态系统某些相对隐蔽的受损或灾害往往容易被忽略，可能随时间演进逐渐显露并产生较为久远的影响，如重金属、有机物污染导致的土壤生态退化或水体污染，这些灾害影响的消除和恢复进程缓慢，需要坚持长期持续的人工干预和治理。

（二）统筹安排，建立分区、分阶段动态规划机制

现代规划思想越来越趋向于将规划作为一种过程，而非一次性或最终状态的规划方案。灾后生态修复受气候、土壤、水分等自然地理条件限制以及人类生产生活活动干预，生态系统演替过程具有不可预料性和动态性，特别是突发性的新增地质灾害、生物种群对环境的适应性演化、人类与自然的共生关系重构等，往往随着时间的推移不断变化，出现各类生态修复规划制定之初无法预知的情况。目前，灾区生态修复实践与重建规划有出入的问题已经显现，突出地表现在大量地质灾害隐患防治与突发的新增地质灾害治理没有纳入最初规划方案。据邓东周等对灾区 39 个县（市、区）的一项调研数据，对 5 469 个受灾群众相对集中安置点地质灾害隐患复查复核，474 处急需开展防治工作的地质灾害隐患中，仅193 处纳入规划并实施治理，另有 281 处未纳入规划；此外，新发现威胁相对集中安置点以外尚有 640 处地质灾害隐患急需纳入规划。[①] 这只是灾后生态修复系

---

① 邓东周，鄢武先，张兴友，等. 四川地震灾后重建生态修复Ⅱ：问题与建议［J］. 四川林业科技，2011（12）：57-61.

统工程中的一个环节。显然，静态规划完全无法适应灾后生态修复的需要，只有根据受灾区域的资源、区位和经济社会特征，建立起一套生态修复目标任务对灾区生态系统变化情况动态反馈和修订的分区、分阶段良性循环机制，才可能即时把握灾区生态修复动态信息，及时调整生态修复的目标、任务，确定适应性生态恢复重建工程、配套政策和资金，从而避免特定项目和资金投入的短期时效性，以实现灾后生态修复的长期可持续治理。也即，灾后生态恢复重建规划应体现一种基于控制论的规划方法，其制定与实施流程可以简单地概括为：目标—连续的信息—未来各种方案的预测和模拟—评价—选择—连续监督，如此往复循环。这不仅仅是信息系统在生态修复规划及实施中的技术运用，更为重要的是要在灾区生态恢复重建中形成与之相适应的工作机制体制，以确保规划的动态修订与可持续实施。

（三）开展生态项目延续工程，建立灾区生态修复资金和项目持续支持的长效机制

灾区林草植被生态功能恢复和生态屏障建设是灾后生态恢复重建的基础保障。我国从 20 世纪 70 年代开始，针对生态功能退化逐渐实施了"三北"防护林体系建设、退耕还林、退牧还草、天然林保护工程、长江防护林工程建设等重大生态建设工程项目，从资金、技术等方面对项目区政府和群众予以补偿，对遏制生态环境退化发挥了重要作用。但是，这些项目的补偿年限均在近年内陆续到期，而生态环境建设则是一项长期的系统性工程，如沙地治理 40~50 年方见成效，经济林 8 年方能长成，生态林成材期普遍在 15~20 年。鉴于灾区生态修复的现实需求和条件制约，建议国家开展适宜西部地区生态环境保护发展的重大生态项目实施延续工程，加大灾区生态脆弱区的补贴和项目覆盖面，为灾区生态修复提供较长期的中央财政资金和项目支持；同时，支持灾区省份整合区域性的防沙治沙、水土保持、湿地保护、自然保护区建设、环境监管和治理等生态建设项目，将灾区生态修复纳入国家重大生态建设规划，并予以政策和资金支持；在加快应急修复步伐的同时，进一步加强生态修复与防灾减灾规划的衔接，在生态修复应急重建任务完成后，着眼于建设生态文明、巩固长江上游生态屏障功能的长远目标，组织开展跨学科综合研究，提出巩固、完善和提高灾区生态功能的政策措施，特别是加大地震灾区退耕还林支持力度，对灾区基本不具备耕种条件的134 万亩耕地纳入退耕还林（草）范围。启动震后灾区林草植被恢复成果巩固项目建设，加强对灾后重建已实施的林草植被建设区域的管护和经营管理，并针对灾区耕地损毁严重的山地丘陵区域，扩大生态林业重点建设项目惠及区域；加强林木种苗基地建设，规划建设灾区产业化林木种苗基地并纳入中央灾后生态重建基金，积极推进集体林权改革，促进农户发展特色林业经济，通过林业产业的恢复重建实现山区经济发展、农户增收与林草植被恢复维养的多赢格局。针对灾区干旱河谷地段等典型区域的生态修复困境以及综合治理、生态监测等技术难题，落实专项科研基金，积极引进国际国内先进人才和技术措施，组织专业技术力量开展科技攻关，强化灾区生态恢复重建的科技支撑；同时，加强一线技术培训与

咨询服务，广泛推广先进的适用型技术，普遍提高生态修复技术手段和加速恢复进程。

（四）尊重灾区原著居民的地方性知识开展生态修复适用性技术运用，充分利用地方社群文化嵌入吸引当地居民广泛参与灾区生态修复与长期维养

原著居民在长期与自然生态环境的相处中积累了大量本土智慧和知识。如林草植被选种、种植及提高存活率等方面，原著居民的"土办法"往往经济而有实效。贵州金沙县平坝乡某村生态恢复过程中，有关专家规划的 5 万亩林地建设需要百万元投资以上，而按照当地群众的造林经验建设却仅需要专家规划的 1/10。[①] 地方性知识的有效性已在生态建设实践中大量被证明。汶川地震灾后生态恢复重建专项规划中也特别强调"在树（草）种选择上优先考虑抗逆性强的树（草）种，特别要注意优良乡土树种的使用"，而"乡土树种"则与地方性知识息息相关。将灾区生态恢复重建的专业性知识与灾区的地方性知识很好地结合起来，是提高灾区生态恢复重建工程适应性和资源利用效率的关键。此外，灾区生态恢复重建并不仅仅是生态工程项目的实施，项目成果能否得到可持续的巩固和维养，决定着生态恢复重建能否最终获得成功，也即，巨额投入的生态建设工程需要一整套行之有效的制度予以保障。制度经济学者已经通过大量实证研究证明，可持续的制度必然是具有良好适应性的制度。这里的制度适应性基于两个方面：一是对非制度环境的适应性，即对生态恢复重建工程所处自然环境和工程项目本身的属性特征的适应性；二是对制度环境特别是既有社群文化、制度的适应性。地震灾区的大部分区域震前生态环境就相当脆弱，当地居民长期生活于此并依靠自然生态生存发展，业已形成与自然生态环境共生共存的紧密关系和生态文化，以及一套独特的资源配置与环境养护规则和与之相配套的社会组织机构。以灾区大量分布的藏族居民为例，其建立在民族宗教信仰基础之上对神山圣湖的自觉保护机制，集中体现了藏族群众传统的生态文化理念与规则实现机制，对灾区生态恢复重建具有强烈的正向促进作用。对此予以正面认可和规范引导，合理利用民族宗教对群众的生态行为规范和制约，引导当地居民广泛、自觉地参与到自然生态环境的长期维养之中，是提高灾后生态恢复重建制度可持续性的有益尝试。

（五）把灾区生态恢复重建的经济政策上升到法律制度层面，强化生态恢复与保护的制度约束力和社会生态保护意识

当前，从国家整个生态环境建设与保护来看，大部分相关经济政策以"指导意见"、"暂行办法"等形式出现，没有上升到法律法规层面，大量依靠行政手段实施资金资源配置、总量控制、区域限批、环境执法等，强制约束力较低，难以充分发挥政策效力。特别在排污权有偿使用和交易、生态补偿和环境责任保险等方面，缺乏明确和具体的法律法规依据，推行过程中面临法律障碍；环境损害

---

① 石峰. 苗族石漠化地区生态恢复的本土社会文化支持［J］. 云南民族大学学报：哲学社会科学版，2010（2）：36-39.

成本合理负担机制尚未形成，如环境资源产品定价、收费和税收等方面缺乏有效机制，致使市场主体主动参与生态环保投入和防控生态环境风险内在动力不足；生态恢复重建的投入及项目建设缺乏可持续资金渠道和支持。借鉴日本等防灾减灾先进国家经验，要加快完善灾后生态恢复重建的相关法律法规，形成有效的防灾减灾法律法规体系，对灾前灾后生态修复应采取的工程措施及其标准提供详细规定和依据；对兼顾长远发展的资金筹措渠道和分配规则提供规范；对制度建设及适用性技术的成功经验予以法制化"固定"，为生态修复工作的高效进行提供有益参考；对生态资源使用和生态环境损害等行为明确责、权、利规范，确定合理成本负担，加大资源环境使用或损害成本，强制降低不利于生态修复与保护的行为概率。从转变政府治理地方经济的观念入手，改革政府考核机制，转变经济发展方式，走低能耗、低污染、高效能的绿色发展之路，强化企业、民众的生态环保意识，构建全社会的生态文明观念，并引导全社会积极参与灾区生态恢复重建与生态环境长久保护。

二、生态环境恢复重建下的产业发展政策

如前所述，生态环境恢复重建下的产业重建，是一个产业生态化与生态产业化并行的过程。显然，生态修复和涵养对灾区产业发展提出了空间管制、产业结构调整、产业发展模式选择的新要求，而灾后产业的两种"生态化"转型，也是人类生产生活活动面向灾后生态环境恢复、改善所做出的主动抉择。

（一）严格根据主体功能分区实施空间管制和调整产业支撑政策，走生态型产业发展道路

按照《汶川地震灾后恢复重建总体规划》和《汶川地震灾区工业恢复重建规划》对灾区恢复重建的"三区"① 主体功能区划，对灾区产业恢复重建实施严格的空间管制。适宜重建区按照国家和全省产业发展重点和空间布局实施就地恢复和县域内调整，以灾后重建为契机，顺势淘汰一批传统粗放型的"三高"企业，按照低碳经济和循环经济的要求，在企业内部实施流程再造，建设和改造提升一批生态循环经济园区，形成优势产业带和产业基地；适度重建区内对不符合主体功能定位的产业和企业，坚决限制发展或有序迁出，在严格论证区域生态承载力的前提下，以点状发展产业园区或产业集聚为主，尽可能减少自然生态资源负荷，适度发展水电、矿产等优势资源开发产业，创新资源开发机制和资源使用或危害成本合理负担机制，积极培育资源循环产业链，完善产业配套体系，提高资源就地转化和深加工以及综合利用程度，增强资源开发对当地发展的带动作用，促进资源开发直接惠民；生态重建区以生态修复和保护为先，严格限制工业发展，在确保对环境影响较小的前提下，适度发展生态农业和生态旅游业。延伸灾后对口援建政策，鼓励与对口援建省（市、区）建立产业合作园区，依据灾

---

① "三区"即适宜重建区、适度重建区和生态重建区。

区资源环境承受力积极承接援建省（市、区）产业转移，适当允许部分水电资源丰富的灾区区域，尤其是少数民族地区承接部分技术水平较高、效益良好、污染严格处理和控制的高载能项目。支持省内非灾区或适宜重建区与能源资源、特色资源丰富但资源环境脆弱区域建立产业关联，发展产业合作园区或"飞地经济"，实现双赢。加大对生态农业、生态林业、生态旅游、可再生能源开发等特色优势产业的扶持力度，通过金融信贷、贷款担保、财政贴息、投资补贴、税费减免、技改扶持、以工代赈等系列优惠、资助政策，鼓励和引导社会资本、外商投资广泛参与生态产业重建。

（二）加快传统农业向现代特色生态农业转型

农村地区是受地震导致的生态环境破坏影响最直接的区域。灾后农村经济的恢复重建与农业产业结构优化调整均需要以良好的自然生态环境为基本条件，而农业生产的恢复和发展，则反过来为自然生态环境的改善提供必要的人工干预，是治理水土流失、土壤改良和防止地震次生地质灾害的关键环节和有效途径。地震引发大量土地灭失、水利设施毁坏和次生灾害，灾区资源环境承载力急剧下降，更加激化灾区的人地矛盾、水资源短缺等问题，传统上严重依赖于山林等自然生态资源的农业发展模式在灾后更加不可以持续。灾区农业产业的生产恢复和升级提升应遵循"生态恢复优先，经济效益随后"的原则，找准资源环境比较优势，走科技驱动、特色优势支撑的节地、节水、生态型农业发展道路。

（1）根据地形、气候、土壤等自然条件与发展基础划分农业产业群落，因地制宜发展特色种养业，尤其注重生物品种选择和种养的生态适宜性和生态平衡性，大力发展"绿色"、"有机"农产品及其深加工产业，如在河谷平坝区采取粮食作物、经济作物和果蔬类作物间作套作、连作轮作的复合种养模式，大力发展规模化生态农业产业种植基地或园区；在丘陵、低山或缓坡台地积极实施"坡改梯"，提高农田水土保持能力，发展经济林果与绿色种养生态循环经济；在高山地区以保护性农业开发为主，采取小规模生态农业模式，重点依托退耕还林（草）政策优势，大力发展庭院特色小规模养殖和畜牧业，以及高山中药材、生态茶叶等特色生态农业。

（2）延伸农业产业链，依托特色农业基地、藏羌民族文化、自然风光、地震遗址，发展农业观光、农业体验、农业修学，拓展农业功能，促进灾区农村居民增收。

（3）大力推广适用农业技术，如农业种养品种改良、耕地肥力恢复提升与土壤调理、"种植—养殖—沼气"多层次开发的生态日光温室经济、农业机械尤其是丘（山）区小型机械化、农产品保鲜、农产品质量安全、农业防灾减灾等生产技术和管理技术，结合灾区"生态细胞工程"建设，建立生态农业科技示范园区，加强与科研院所和单位、专业农业科技公司的技术合作，重点在节水节地、精准农业、绿色有机和反季节栽培、名优特色农产品加工技术等方面取得突破。

（4）创新灾区农业组织化结构和制度，平原和坝区等有条件实施规模化种

119

养的区域，可以采取龙头企业基地化、园区化规模生产经营与"公司+农户"、"公司+专合社+农户"、"专合社+农户"等"小规模、大群体"生产经营相结合的方式。丘区和山区等不宜开展规模化农业生产的区域，则宜采取"小规模、大群体"的生产经营模式。一方面，要制定优惠政策，重点扶持一批省、州农业产业化龙头企业和生态农业产业基地，由龙头企业和基地带动技术改造和生态农业建设，构建生态农产品产供销一体化产业链条；另一方面，引导和扶持农民专业合作组织发展，政府主要做好政策、项目资金扶持和服务，在现有农村基层组织和专业合作组织基础上，推进农民专合组织向多元主体的紧密型、规范型组织转变。

（5）确保灾区农业结构调整和产业提升，需要把国家补助政策、灾区优惠政策、农业产业化项目优惠政策用够用足，增大中央财政和省级财政的负担比例，如地方政府不再配套地质灾害治理经费，延长天然林保护、退耕还林（草）等补贴时限，对生态农业龙头企业、农民专业合作组织、种养大户等予以土地、税收、信贷等方面的优惠，加大农业技术引进和改造投入，对灾区生态农业恢复重建区域和项目予以资金、智力倾斜和支持。

（三）走新型工业化重建道路，坚持信息化、技术创新与生态化

对水泥、钢铁、铁合金、焦化、电石等高耗能、高排放行业实施结构调整，坚决淘汰落后产能，"促优去劣"，鼓励优势企业兼并重组，大力发展新型生产工艺，实施流程再造，整顿和淘汰部分工艺落后、管理混乱、效率低下的企业，对于列入国家淘汰类的落后产能和工艺装备，以及在地震中受到严重损毁的企业，坚决不予恢复。依托区域资源和既有工业基础优势，着力培育和巩固重大装备、电子信息、农副产品深加工等优势产业地位，鼓励企业不断提升自主创新能力，应用先进适用技术改造传统产业，并积极发展高技术产业，推进工业领域关键环节信息化建设，推动企业技术资源优化和管理制度的创新。按集约集群的理念发展优势产业，依据循环经济、工业生态学和清洁生产要求，对现有工业园区进行生态化改造或建设循环经济工业集聚区，合理布局关联产业和上下游产业，效仿自然生态系统的物质循环方式，通过技术创新和工艺流程改造，在不同的产业领域和不同的工艺流程之间建立似"生物链"状结构，使一个过程产生的废弃物（副产品）作为原料进入另一个过程，并进而形成"生物网"状结构，大力发展循环经济。同时大力开发废弃物资源化技术，在原来开放式系统中加入具有分解作用的消化工业废物的链条，重点针对地震中形成的大量建筑垃圾，建设一批较大规模的建筑垃圾资源化处理厂，通过资源的回收、再生和重新利用实现工业生态系统的物质循环。大力推进节能减排，搬迁或关闭布局在重要水源保护区或生态敏感或脆弱区的污染企业，严格按照国家环保标准改造和考核企业，实现工业"三废"排放达标。

（四）以生态旅游观发展灾区生态旅游业

灾区富集雪山、高原湿地、草原、温泉、喀斯特地貌、森林山川和大熊猫保护区等丰富的自然生态资源，藏、羌、回等民族聚居区内，汇集了独特而多彩的

民俗、歌舞、刺绣、饮食等人文资源，区内还有以都江堰为代表的众多历史文化资源，此外，地震在对灾区环境造成破坏的同时，也遗留下诸多自然奇观和大量人文遗迹，发展旅游业得天独厚。地震对灾区旅游资源造成相当程度的破坏，各类旅游资源所处环境变得十分脆弱，灾后旅游业恢复发展必须走生态旅游发展之路。利用灾后恢复重建契机，将过去零散的旅游资源予以整合和产业升级，以客观全面评价区域环境影响和承受力为基础，统筹规划，突出特色，错位竞争，避免雷同旅游产品重复建设；以符合生态环境承受力为前提，重新确立旅游开发强度，必要时采取旅游准入限制；将环境教育与自然人文知识普及引入旅游内核，特别是利用地震遗迹旅游资源和体验式旅游，倡导和教育游客保护环境、减少环境冲击；有机结合民族文化、地方文化旅游资源的保护、传承和开发，避免特色文化过度符号化、商业化、庸俗化甚至同化，保护民族文化核心价值；引导当地居民积极参与生态旅游开发，强化自然敬畏、生态意识和民族自豪感，促使灾区居民自觉保护环境、传承和发展特色文化，并向游客传递生态旅游观念，最大限度地减少旅游开发对当地自然生态环境和文化环境的冲击；拓展生态旅游资源产品内涵，整合生态旅游资源与特色生态产品资源，促进灾区一、二、三产业联动发展，让生态资源相关利益群体共同分享利益和获得补偿，构建生态旅游产品开发分享的合理机制。

三、生态环境恢复重建下的城镇化政策

灾后重建的首要任务之一，是恢复和重建灾区人民安居乐业的场所。这既包括自然生态环境的恢复重建，也包括城镇和新农村基础设施的恢复重建。地震不仅使灾区资源环境承载能力进一步减弱，也改变了灾区资源环境承载能力的分布格局。汶川地震灾后重建规划"资源环境承载能力评价"项目组依据地形特征，将 51 个受灾县（市、区）划分为高原、山地、山前、平原浅丘、丘陵 5 个地域类型，通过对灾区重建条件的适宜性进行分级评价，将灾区划分为适宜重建区、适度重建区和生态重建区。其中，山地县（市、区）中生态重建和适度重建的乡镇比例最高；平原浅丘县（市、区）的乡镇全部属于适宜重建区域；高原县（市、区）绝大部分乡镇属于适度重建区域；丘陵县（市、区）乡镇主要集中于适度重建和适宜重建区域；山前地区虽然包括一部分受损较重、属于生态重建区域的乡镇，但总体而言，适宜重建乡镇比例远高于生态重建乡镇。①② 以此为基础，考虑到灾后土地资源的约束及其与区域经济发展的关联，研究数据显示，部分灾区县（市、区）呈现一定程度的人口超载，尤以北川、汶川和茂县最为明

---

①　樊杰. 国家汶川地震灾后重建规划：资源环境承载能力评价 [M]. 北京：科学出版社，2009.

②　樊杰，陶岸君，陈田，等. 资源环境承载能力评价在汶川地震灾后恢复重建规划中的基础性作用 [J]. 中国科学院院刊，2008，23（5）：387-392.

显。①灾后城镇重建和城镇化的可持续发展，必须适应资源环境承载力的新变化，走生态化重建和发展道路。这不仅涉及人口布局和城镇体系的重新调整，还涉及城镇规划建设本身的生态转型，涵盖优化功能空间布局、产业的生态化升级改造、生态节能适用技术的广泛推广采用等诸多方面，尽可能减少人类对自然生态资源修复的负面干扰，努力构建灾后城镇体系与自然资源体系的复合共生系统，加速自然生态资源系统恢复的演替进程，并反过来为人类自身创造安全、舒适的居住发展环境。

（一）科学布局人口和合理构建城镇体系

灾后人口适宜政策的重点是考虑超载人口的控制和消解问题。这包括两方面情况：一是原有人居聚落遭受地震严重损毁，生态环境恶劣，已不适宜人类居住的区域，宜实施生态移民或异址重建，部分生态移民及城镇异址重建工作已在3年灾后重建中得以重点实施，但从长期来看，仍有可能涉及生态移民问题如生态脆弱区域内贫困人口，根据灾后重建相关条例、规划及过往生态移民经验，应尽可能避免跨行政区域移民，重点考虑区内调整；二是农村耕地大量灭失，灾后耕地恢复比例不足以承载原有居民生活恢复到历史水平，尤其是山区县，农民收入对耕地依赖度相对较高，而山区恰是耕地灭失重灾区。对此，一方面在提高耕地复垦率的前提下，通过调整农村产业结构如增加养殖业、林业、渔业、乡村旅游业、工资性收入或财产性收入等，降低农民对耕地的依赖度，调整农村家庭收入结构，实现农民增收；另一方面，积极实施城乡统筹，加快城乡公共服务一体化建设和户籍制度、社会保障制度一体化改革，采取财政、土地等倾斜政策扶持灾区提高城镇化率，促进农民变市民，以人类"集约化"生产生活为生态环境减压。在此基础上，根据"空间适宜"原则，合理布局城镇体系，在适宜重建区域布局区域中心城市、次中心城市和中心镇，适度重建区以中小型城镇布局为主，生态重建区则主要尊重历史和原住居民传统，保留必要的人居聚落。

（二）按照生态城镇标准新建和改造灾区城镇

地震灾害对城镇重建而言是一把"双刃剑"，既造成破坏，也带来高标准重建或改造城镇的可能性。玉树的生态重建规划和建设为灾区城镇重建提供了典范。鉴于灾区城镇的经济社会发展情况，灾后生态城镇建设宜采取"适用宜居型"② 生态城镇建设模式，即广泛应用实用技术实施城镇规划、建设和改造，如采用太阳能与建筑一体化等结构、建材和技术的"绿色建筑"，城市水循环利用系统、风力或生物发电，非机动出行优先和 TOD 导向的城市空间结构与土地利用开发，低碳、循环的集约式产业发展转型或以服务业为主导的"后工业化"发展模式等等，力图实现城镇的产业转型与生态化改造并行不悖。对此，中央应纳入低碳城市专项资金安排予以资金、项目倾斜，地方政府也应积极探索城投债，BOT 以及政府投资为主、其他市场投资为辅、整体运作城市资产的多主体整

---

① 高晓路，陈田，樊杰.汶川地震灾后重建地区的人口容量分析 [J].地理学报，2010（2）：164-176.

② 仇保兴.灾后重建生态城镇 [J].城市建设，2008（10）：8-13.

体运作等融资模式创新，加大灾后城镇生态化建设和改造投入力度。

（三）存续灾区人文脉络和社会资本，实现重建城镇的可持续发展

基于生态文明观的生态环境重建，是自然—经济—社会复合系统的共生共荣。包含在此复合系统的城镇重建，不仅要实现人与自然的生态和谐，还要实现人类社会与文明自身的生态和谐。诸多国内外地震灾后重建的经验教训显示，重建城镇的目标及其进程如若不具有良好的地方适应性，则会加剧重建和后续运营管理成本，甚至背离最初的建设目标设计。前文已经对地方性知识和社群文化进行了概要叙述，这里提及的地方适应性，主要强调重建城市的目标及进程设计应当既包含城市规划和建设专家的专业性认识，还要与当地居民达成共识，并尊重既存的社会道德诚信体系、风俗文化、审美习惯、生活习性，以及对原有合法私产的保全和确认、原有正式与非正式制度功能的恢复，以及原有社会关系网络和组织结构的恢复与集合。对此，灾后城镇重建从规划到建设到后续运营发展，均应是专家参谋与当地居民广泛参与的动态过程，只有通过自下而上的持续性生态化改造和社区特色魅力创造，才可能充分发挥市场配置资源的基础力量，在降低交易成本的前提下获得重建城镇的持续改良和长期繁荣。

四、建立地震重灾区的生态补偿政策

经济学经典理论认为，当生产某种产品的社会边际成本收益超出私人边际成本收益，则出现正的外部性。此时，市场配置资源失灵，资源错配或低效率配置，市场供给的正外部性产品不足。而解决外部性的有效途径则是使"溢出"的外部性"内部化"，即对溢出的收益以某种方式给予生产者恰当的补偿，从而使产品生产的成本—收益实现均衡。这既可能是一种市场手段的解决，也可能是借助于政府的干预。

生态环境资源作为人类生产生活的基础保障条件，具有典型的公共物品特征，其强外部性已经被社会普遍认识并广泛关注。长期以来，"谁污染谁治理"、"谁破坏谁恢复"作为环境保护领域的一项基本制度，以环境法律强制的形式，得到了较好的实践。但是，"谁受益谁补偿"却始终在实践中没有得到很好的体现。汶川地震发生在北纬30度带独有的森林生态系统和野生动植物资源富集区，灾区是岷江、沱江、嘉陵江、涪江发源地，也是天然林保护、退耕还林、水土保持等重点工程实施区，具有重要的水源涵养地和水土保持功能，同时也是长江上游生态屏障的重要组成部分和全球生物多样性保护的关键地区，生态服务功能十分突出，生态保护价值巨大。[①] 在地震灾后恢复重建总体规划的空间区划中，适宜重建区仅 10 077 平方公里，占整个重建规划区的 7.6%，主要分布于四川龙门山山前平原和与龙门山山脉接壤的浅丘地区、甘肃的渭河泾河河谷地带和徽成盆地、陕西的汉中盆地边缘和关中平原过渡地带以及其他零散分布的少数地块，在

---

① 详见《汶川地震灾后恢复重建生态修复专项规划》。

未来的发展中将大力推进工业化城镇化，承担人口集聚和振兴经济、承载产业、创造就业的功能；而占规划区 63.5%、面积 84 199 平方公里的生态重建区，主要分布于四川龙门山地震断裂带核心区域和高山地区、甘肃库马和龙门山断裂带、陕西勉略洋断裂带以及种类保护区，将以保护和修复生态为主，明确规定不宜在区域内原地重建城镇和大规模集聚人口，其最终要建成保护自然文化资源和珍贵动植物资源、少量人口分散居住的区域；余下的 28.9%、38 321 平方公里的规划区被划定为适度重建区，主要分布于四川的龙门山山后高原地区和山中峡谷地带、甘肃的西秦岭山区、陕西的秦巴山区以及其他应当控制开发强度的区域，将按照保护优先的原则实施适度开发、点状发展。① 显然，除适宜重建区外，另两个区域范围内的经济发展和居民生活水平将受到极大限制，特别是生态重建区，区内经济社会发展将主要服务于生态修复和涵养，甚而因此牺牲经济社会的部分"发展权"。显然，这些区域的生态修复和涵养是一种典型的公共产品，其中受益者不仅包括区内广大居民，更包括重建规划中的"适宜重建区"及其他中下游省份。必须建立起"上中下游利益共享、责任共担"的区际生态补偿机制，才能实现生态保护者、受益者之间的利益公平分享，并有效恢复和保护灾区上游的生态资源环境。

我国目前尚未建立起完善的生态补偿机制，现行生态补偿机制具有如下明显特征②③：一是补偿主体单一。纵向财政转移支付即中央对地方的生态支付占绝对主导地位，而区际、流域上下游间以及不同社会群体间的横向转移支付极其有限，生态服务提供者和受益者间利益分配极不平衡。生态保护区与经济欠发达地区高度重合，往往陷于"要温饱还是要环保"的两难境地，或陷入"资源诅咒"怪圈而难以摆脱贫困，或不惜牺牲资源环境追求 GDP 增长。二是补偿管理分割。当前，我国尚没有专门的"生态补偿"职能部门和政策支持类别，生态环境保护和管理的职能分散于林业、农业、水利、国土、环保等诸多部门，事实上形成"部门主导"的补偿机制，并且往往采取直接的物资、资金等"输血式"补偿方式，对生态保护区实行产业、生产方式转变等"造血式"补偿的方式少。管理职能上的割裂与交叉，导致各部门在生态项目规划及实施、资金使用和监督管理等方面难以形成合力，资金使用不到位、项目衔接差、重复建设和生态保护效率低。三是补偿方式缺乏延续性和稳定性。与部门主导相对应，当前主要采取"项目工程"的生态补偿，如退耕还林、退牧还草、天然林保护、荒漠化防治、水土流失治理、生态移民等项目和计划的实施，便于操作并取得了良好实施效果，但和项目捆绑的补偿方式在政策上却缺乏长期性和稳定性，项目期限内的实施效果可能因项目结束后产生重大变化和风险，甚至因项目期限过后当地居民利益补偿骤降而出现新一轮的生态破坏。如退耕还林 5~8 年期限过后，部分地方已经出现"退林还耕"现象，地震后部分灾区居民更是迫于基本生活和发展的需要，

① 详见《汶川地震灾后恢复重建总体规划》。

② 冯艳芬，刘毅华，王芳，等. 国内生态补偿实践进展 [J]. 生态经济，2009（8）：85-88，109.

③ 王健. 我国生态补偿机制的现状及管理体制创新 [J]. 中国行政管理，2007（11）：87-91.

开始"退林还耕";此外,项目区与非项目区之间的利益补偿也因此而不均衡。四是补偿资金来源少,补偿标准低。我国目前的生态补偿融资渠道主要是财政转移支付和专项基金,财政转移支付是最主要的资金来源;针对生态环保的税收制度十分不健全,税种不到位、税制粗放,生态资源环境的开发利用如矿产资源开发利用"低成本、高利润",生态保护区和资源供给地得不到应有的利益补偿;同时,生态补偿标准采取"一刀切",导致不同资源环境条件的区域间"苦乐不均",过低的补偿标准难以满足生态保护区内居民的基本生活需要,区内居民缺乏自觉维护生态的激励;此外,水权交易、碳汇交易等市场化生态补偿尚处于探索起步阶段,社会资金进入生态补偿领域机制不畅。

灾区生态恢复重建较之于常规性生态保护,任务更为艰巨、外部性更强,同时,也必然是一个相当长期的过程。需要正确认识和科学利用生态资源环境价值,建立起资金来源多元化、补偿主体多元化的长效稳定的生态补偿机制。

(一)建立起中央—生态修复区—生态受益区等各级政府生态补偿财政转移支付纵横网络体系,保证灾区生态修复和保护资金及时补偿、充沛稳定

财政积累和再分配无疑是生态恢复补偿资金的最稳定资金来源。大部分灾区作为跨流域的生态屏障区,主要以提供生态产品为主,除因地制宜发展特色产业外,无法承载区域发展经济的任务。而这部分地区同时又多为贫困地区,地方基层政府债务负担较重。因而,在中国现行财税体制下,稳定、持续的生态修复和保护的财政投入应主要来自于中央财政的纵向转移支付投入,国家应保证对灾区生态修复和保护进行长期持续的投入,并予以制度性规范。可以尝试对灾区省份实行财政转移支付制度改革试点,如取消建立在基数法基础上的税收返还,实行以"因素法"确定的转移支付。[①] 这需要在对不同区域、不同对象、不同时期的生态资源环境价值标准进行科学评价的基础上,调整一般性转移支付资金分配方法和拨付规则,合理设置生态补偿转移支付的范围、对象、权重和标准,以期加大对灾区的生态补偿力度,保证灾区地方财政在维持政府正常运转的基础上,有能力自筹资金和引导社会资金投向生态修复与保护,并形成与中央财政的互补格局。同时,省、市两级政府也应针对灾区生态修复建立财政转移支付长效机制。按照分级补偿的原则,将生态修复区划分为国家和省级两个层面,国家级补偿区主要以国家财政转移支付为重要支撑,省级财政补充;省级财政承担省级补偿区的主要转移支付,并将地方规划的生态修复资金纳入地方财政预算,调整地方配套实施机制,涉及生态修复建设的一般性转移支付和专项转移支付直接拨付到县级财政,并由所在县政府按照规划对资金实施整合使用。

在我国的生态补偿机制中,一直未形成生态受益区向生态修复和涵养区的合理利益补偿机制。灾后重建中,各对口援建省市在3年内每年向受援市县提供财政收入的1%并主要以项目形式援建灾区。由于援建省市多为受援市县的生态利益相关者,可以把援建中的横向财政支付视为对灾区的某种特殊生态补偿支付。

---

① 杨萍.建立地震灾区生态补偿长效稳定机制研究[J].农村经济,2009(12):96-99.

但这一措施仅是举国体制下灾后重建的应急之举，不具有长期持续性。灾后援建结束后，须基于市场化原则，探索建立区际、流域间生态利益相关地区长效合理的横向生态补偿机制，并以此为补充，最终形成中央—生态修复区—生态受益区各级政府纵横交错的政府间转移支付机制，引导民间资源向生态修复领域流动，解决灾区生态修复和持续发展的持续资金保证问题。这种横向转移支付机制，既包括跨省域的受益省市横向转移支付，也包括省内相关受益市县横向转移支付。首先须建立起跨地区、跨部门的流域内生态利益相关地方主体间协商对话机构和机制，并在此基础上实现生态受益区与生态修复区之间基于生态建设与保护的横向转移支付制度。横向转移支付资金主要来源于生态相关财政拨付资金、资源税、排污税等生态相关税收，以及流域内生态相关利益地方主体间协商确定的按比例共同出资。具体的拨付比例，应建立在对不同地区在生态修复中的地位与作用、人口与财政状况、生态外溢效益及生态受益获利程度、生态修复成本及生态区发展机会成本等综合方面进行科学合理评价的基础上，使区域间横向转移支付补偿符合生态修复和保护溢出的"外部收益内部化"以及"谁受益谁补偿"的原则，实现横向生态转移支付的制度化、市场化和持续化。

（二）积极推行生态环境税收制度和生态环境资金使用体制改革，不断增强财政的生态投入能力

目前，我国的资源相关税种缺乏系统性和针对性，有限的资源税覆盖面狭窄，税负成本与资源占用引致的环境成本和由此而来的高额利润不相匹配。可以借鉴西方国家经验，采用多种生态税收和绿色环保税收等特定税收，稳定筹集生态环境维护资金。可以在扩大现行资源税的基础上，设计生态环保专门税种，探索符合我国国情的生态税收体系。一是加快改革和完善现行资源税制度，扩大征收范畴。如根据中下游地区用水量分布、受益程度、地区人均收入水平等，对不同的生态受益地区用水单位和个人征收有差别的流域水资源生态补偿基金，全额或部分横向转移支付给上游生态修复和涵养地区。二是探索对森林资源、动植物资源等可计量的自然资源使用从价计税，并合理提高税率。税收所得由中央与地方共享，中央部分以税收返还等转移支付形式返还所在地政府财政，与地方共享部分一并用于生态修复和建设专项经费。在生态受益区探索生态环境建设税制度，按照不同区域的受益程度及人均收入高低，实行有差别的生态环境建设税，专项用于生态修复区的生态转移支付。三是在合理界定省级及以下各级政府事权的基础上，探索当前财政分税体制的改革，适当增大税收返还比例、下放部分税收政策调整权、建立合理的中央与地方共享税机制，按照地方财权与事权挂钩的原则，切实提高地方财税收入能力和规模，并在财政收支划分、专项拨款等方面向生态修复地区倾斜。

（三）建立自上而下垂直管理与区际横向民主协商管理互补协调的生态环境管理机制，强化资金的统筹规划和高效利用

在加大以中央财政为主体的多层次财政生态补偿力度的同时，建立健全生态补偿的法律法规体系，将包含灾区灾后生态修复的生态补偿上升到国家契约规范

的高度[①]，明确生态相关税收、财政转移支付，以及上中下游地区责任、权利、义务、利益和违规惩处，促进生态补偿的制度化、法律化。在当前以自上而下"条条"管理为主的生态管理模式基础上，重点建立健全生态涵养区与中下游生态受益区间的跨区域横向生态管理民主协商机制。建立由生态利益相关地方政府参加的联席会议制度，实行一省（市）一票、多数决定的集体决策原则，定期或不定期召开联席会议，就区际生态服务供给与需求、生态成本共担与生态收益共享等跨区域重大事宜进行民主磋商，就生态利益相关区域内共同遵守生态环保合约及违约惩罚达成共识，形成区际长期合作、动态博弈的良性循环机制。此外，突破多头治理格局，厘清部门交叉职能、建立部门联席制度、整合利用分散资金，形成以县域为基本单元共同编制生态修复和保护规划，并以此作为生态项目投入依据统筹实施的机制。

五、生态环境恢复重建中的融资政策

灾区生态修复是一项资金需求量大、投入期限长、直接经济回报率低的浩大工程，具有强公益性和外部性，各级财政投入理应成为其最重要和最稳定的资金来源与保障。但是，仅仅依靠国家财政投入，并不能很好满足如此巨额的资金需求。地震灾区本身担负着建设长江上游生态屏障的战略任务，震后四川省等各级政府更加积极地开展灾后生态恢复重建，大力实施天然林保护、退耕还林、退牧还草等重大生态工程。不断加大生态环保建设投资，逐步建立健全环保收费和生态补偿机制，特别是在完善森林、水体等补偿机制方面进行了大量探索，积极争取中央财政支持，完善生态建设财政转移支付制度，设立生态补偿金制，专门对生态建设进行补助，同时，增加了环保贷款项目的数量，利用多种渠道进行融资创新，呈现出生态建设投资主体逐步多元化的趋势。但是，灾区目前的生态重建投入仍然以政府投资为主，财政预算内资金及生态补助金占总投资的比重大，社会资金参与生态建设数量小，财政负担较重，资金利用效率不高；同时，融资手段较为单一，融资规模相对较小，生态建设领域资金缺口较大。如何创新和拓展灾区生态重建的投融资渠道，有效筹措生态建设资金，弥补生态建设资金缺口？如何确保生态建设资金有效流动和配置，高效率利用生态建设资金？这些成为灾区生态重建投融资面临的迫切需要解决的问题。从长远来看，只有在提升政府财政投入能力和拓宽政府融资渠道的同时，鼓励和引导各类民间资本参与生态环保建设，开拓健全商业融资渠道，构建主体、渠道和手段多元化、高效化的生态建设投融资机制，才能确保灾区生态修复与建设的可持续发展动力。

（一）按照生态受益者和污染者付费（补偿）原则，拓宽灾区政府政策性生态建设融资渠道，提高政府融资能力，强化政府投入机制

要进一步争取中央政府对灾区生态恢复重建的财政倾斜，加强对灾区生态重

---

① 盖凯程. 西部生态环境与经济协调发展研究 [D]. 成都：西南财经大学，2004：160-161.

建和环境保护政策扶持，除直接向灾区"输送"生态重建财政转移支付外，加大对灾区发展生态农业、生态旅游、特色经济、循环经济、环保流程再造等项目提供产业扶持政策和项目资金引导；在以政府财政投入为主导的基础上，积极凭借政府信用向世界银行等国际金融机构申请生态项目贷款；积极借助世界环境基金（GEF）、世界自然基金会（WWF）等国内外基金项目；在财政资金约束的情况下，可以考虑利用生态建设国债、生态建设彩票等形式，广泛筹集生态建设资金，建立灾区生态恢复重建和环境保护基金；深化资源税改革，开启生态专项税改革试点，增加灾区生态恢复重建财政投入源；积极探索排污权交易、碳汇交易等市场化融资模式，拓展灾区生态重建资金渠道。

（二）按照"政府引导、市场化运作"的模式，创新灾区生态重建融资模式，构建政府、企业、社会多元化投入机制

一方面，除进一步向上争取专项资金外，对一些综合性大项目，允许各地在生态修复总框架内打捆使用资金，调整封山育林资金，解决人工修复资金不足的问题。造林难度极大的地区，允许实行异地恢复和增量恢复，从总体上提高森林覆盖率。同时，尽可能简化前期工作环节，研究完善植被恢复项目招投标的具体实现方式，允许灾区森工企业、国有林场和群众按照林业生态建设重点工程管理办法参与生态修复，加快生态修复进度，增加农民和林场职工收入。

另一方面，梳理整合灾区生态重建项目，由省级主管部门实施统一规划、统一审批、统一实施，确立省级融资管理平台和增信平台，并由省政府指定融资平台统借统还，融资管理平台与融资平台签订委托代建协议，在两个平台相分离的同时实现有效对接，优化平台效率、最大化平台功效；针对流域综合治理等涉及面广、项目类型多样、公益性与经营性兼具的大型综合项目，可尝试按照"政府主导、企业参与、特许经营、贷款支持、公司建设、土地增值、有偿回购"的投融资建设模式，由省级政府牵头成立流域综合治理投资有限公司，以中央预算内基本建设资金、地方政府资金及企业自筹资本金为基础，积极争取和吸收国家政策性银行贷款、国际金融组织和国外政府优惠贷款、商业银行贷款和社会资金，并探索发行流域综合治理项目债券和彩票、优质资产组合上市融资等多渠道融资，从传统的由职能部门直接拨款、建设单位建设的模式，转向由公司主体面向社会融资，投资、建设、管理三分离的新模式，运用多种金融工具撬动民间资本多渠道投入流域整治，形成"自筹、自用、自还"的良性循环；对同属一个融资平台的公益性、经营性项目采取组合融资方式，由投资回报项目对投资免提项目提供信用担保，政府对公益性项目提供补贴或政府购买等形式提供投资补偿，使不具备市场化的项目转换为市场化或准市场化项目运作，提高项目的资金使用效率。

（三）创新灾区生态重建金融支持体系，加大信贷政策倾斜和优惠

在政府资金引导和贴息等政策支持的基础上，由国家专业银行配合执行国家有关政策，对环境污染治理、环保技术改造、灾区生态产业和项目发展提供信贷支持；同时，积极向经济效益好的环境保护产业提供商业贷款。深化农村信用社

改制，积极发展村镇银行、农村资金互助社、贷款公司等新型农村金融机构，针对特色农林经济及生态旅游等产业特点，设计个性化、灵活型信贷产品，在农村产权制度改革和农业担保的基础上，接受农村土地、林权等产权抵押或提供反担保，解决农业企业因抵（质）押物不符合金融机构要求而导致的融资难问题，提高社会资本特别是民间资本投入生态农林及生态旅游等产业的积极性；适当降低在灾区设立区域性商业金融机构的门槛，探索组建绿色银行或在现有金融业务中提供专项绿色贷款，通过差别利率和绿色信贷引导资金流向西部生态建设领域。

（四）创新利益分享机制，探索多元市场化融资模式，拓宽灾区生态重建融资渠道

以中央财政为主，建立中央—省生态产业投资基金，引导和鼓励社会资金向灾区生态产业领域投入；引导灾区生态环保企业以私募方式发行企业债券，向投资者募集资金设立封闭式公司型产业投资基金；支持优势生态环保企业包装上市，通过资本市场拓展生态融资范围；探索建立多种形式的市场化生态资源权利转让补偿机制，如非生态项目投资商通过建设或维护生态设施、投入生态林等换取部分农业产权；针对部分经营性/准经营性生态项目，如景观林保护建设等，可采用 BOT 融资模式，形成对生态补偿的补充；对于公益性或准公益性生态项目，可以通过与经营性/准经营性项目或项目沿线、周边土地、物业、景观等优先开发权捆绑组合，政府财政补贴、税收减免、低息贷款等多种方式予以补贴。

参考文献

[1] 陈大莲. 汶川地震重建政策的区域经济影响及应对——一个初步判断与思考 [J]. 地方财政研究, 2009 (10).

[2] 众志成城："5.12 汶川大地震抗震救灾"专题研究. 发展与研究参考, 2008 (84).

[3] 四川省统计局. 2006—2007 四川省统计年鉴 [M]. 北京：中国统计出版社, 2009.

[4] 王关义. 中国经济发展：现状、问题与对策 [J]. 生产力研究, 2008 (7).

[5] 四川省林业网. http://www.scly.gov.cn/. 2009-08-20.

[6] 中国水土保持生态环境建设网. 2007 年中国水土保持公告 [R]. 2008.

[7] 泽柏. 四川草地生态保护和建设策略研究 [J]. 草地生态, 2005 (1).

[8] 骆建国. 四川省天然林资源现状和可持续发展经营对策 [J]. 四川林勘设计, 2005 (3).

[9] 钱钧. 阿坝州地震灾区资源环境承载力评估 [J]. 西华大学学报, 2009 (3).

[10] 彭立. 汶川地震灾区 10 县资源环境承载力研究 [J]. 四川大学学报, 2009 (3).

[11] 四川省水利局. 2007 年四川省水资源简报, 2008.

[12] 张秋劲, 徐亮, 周春兰, 等. "5·12" 汶川地震灾区典型区域生态环境状况影响评价 [J]. 四川环境, 2009 (5)：96-99.

[13] 赵芹. 汶川特大地震对四川水土流失的影响及其经济损失评估 [J]. 中国水土保持, 2009 (3).

[14] 包维楷, 陈庆恒. 生态系统退化的过程及其特点 [J]. 生态学杂志, 1999, 18 (2)：36-42.

[15] 孙颖, 刘群英. 四川地震灾区生态恢复重建问题及对策分析 [J]. 中共乐山市委党校学报, 2009 (1)：36-37.

[16] 四川省林业厅. 汶川特大地震灾害林业损失专项评估报告 [R]. 2008.

[17] 四川省生态旅游资源受损超 33 亿 [N/OL] //四川在线-华西都市报, 2008-07-25.

[18] 戴柏阳. 生态旅游恢复重建是地震灾后重建的重要任务 [Z]. 2009-04-27.

[19] 崔书红. 汶川地震生态环境影响及对策 [J]. 环境保护, 2008 (7)：37-38.

[20] 郑霖. 四川生态环境建设难点与重点分析 [J]. 国土经济, 2002 (6): 16-18.

[21] 成都理工大学. 汶川特大地震地质研究工作报告 [R]. 2008.

[22] 地震对灾区环境质量影响不十分明显 [N/OL] //四川新闻网, 2008.

[23] 徐新良, 江东, 庄大方, 等. 汶川地震灾害核心区生态环境影响评估 [J]. 生态学报, 2008 (12): 5899-5908.

[24] 沈茂英. 汶川地震灾区恢复重建中的生态保护问题研究 [J]. 四川林勘设计, 2009 (2).

[25] 蒋高明. 震后生态修复应以自然力为主 [J]. 资源与人居环境, 2008 (17).

[26] 包维楷. 汶川地震重灾区生态退化及其恢复重建对策 [J]. 中国科学院院刊, 2008 (4).

[27] 权宗刚. 地震后建筑垃圾资源化技术及其在重建中的应用探讨 [J]. 砖瓦, 2008, 38 (9): 92-94.

[28] 四川统计年鉴 (2010)[Z]. 北京: 中国统计出版社, 2010.

[29] 钱骏, 等. 四川省汶川地震灾区环境承载力评估 [A] //吴舜泽, 等. 环境规划: 回顾与展望 [C]. 北京: 中国环境科学出版社, 2009: 10-16.

[30] 尹稚. 对阿坝州灾区重建规划的思考 [J]. 城市发展研究. 2009 (4).

[31] 赫尔曼·E. 戴利. 超越增长可持续发展的经济学 [M]. 诸大建, 胡圣, 译. 上海: 上海译文出版社, 2001: 123.

[32] 孔凡斌. 生态补偿机制国际研究进展及中国政策选择 [J]. 中国地质大学学报: 社会科学版, 2010 (2).

[33] 尤艳馨. 构建我国生态补偿机制的国际经验借鉴 [J]. 地方财政研究, 2007 (4): 62-64.

[34] 邓东周, 鄢武先, 张兴友, 等. 四川地震灾后重建生态修复Ⅱ: 问题与建议 [J]. 四川林业科技, 2011 (6): 57-61.

[35] 蒋高明. 地震后生态修复应以自然力为主 [J]. 中国自然, 2008 (5): 4-6.

[36] 周松涛. 北川县地震灾区生态修复研究 [D]. 成都: 成都工大学, 2013.

[37] 陈晓利, 邓俭良, 冉洪流. 汶川地震滑坡崩塌的空间分布特征 [J]. 地震地质, 2011, 33 (1): 191-200.

[38] 王劲强. 四川某滑坡稳定性分析及防治方案探讨 [J]. 建材与装饰, 2011 (7): 490 -491.

[39] 程飞, 王志琴. 客土喷播技术在高速公路边坡防护绿化中的应用 [J]. 科技风 (6), 2011: 36.

[40] 李自停, 吕桂林, 熊斌. 崩塌 (危岩) 的"生态坝"防护治理技术研究 [J]. 价值工程, 2011 (3): 76-77.

［41］姬振海. 生态文明论［M］. 北京：人民出版社，2007.

［42］于进川. 试析灾后重建与生态文明建设的协调发展［J］. 经济体制改革，2010（2）：178-181.

［43］胡聃，彭少麟. 生态恢复工程系统集成原理的一些理论分析［J］. 生态学报，2002，22（6）：866-877.

［44］谢运球. 恢复生态学［J］. 中国岩溶，2003，22（1）：28-34.

［45］黄春晖，高峻. 生态构建——恢复生态学的新视点［J］. 地理与地理信息科学，2004，20（4）：52-55，92.

［46］赵晓英，孙成权. 恢复生态学及其发展［J］. 地球科学进展，1998，13（5）：474-480.

［47］章家恩，徐琪. 恢复生态学研究的一些基本问题探讨［J］. 应用生态学报，1999，10（1）：109-114.

［48］丁运华. 关于生态恢复几个问题的讨论［J］. 中国沙漠，2000，20（3）：341-344.

［49］赵平，彭少麟，张经炜. 恢复生态学——退化生态系统生物多样性恢复的有效途径［J］. 生态学杂志，2000，19（1）：53-58.

［50］刘照光，包维楷. 生态恢复重建的基本观点［J］. 世界科技研究与发展，2001，23（6）：31-36.

［51］包维楷，刘照光，刘庆. 生态恢复重建研究与发展现状及存在的主要问题［J］. 世界科技研究与发展，2001，23（1）：44-48.

［52］徐玖平，何源. 四川地震灾后生态低碳均衡的统筹重建模式［J］. 中国人口资源与环境，2010（7）：12-19.

［53］任正晓. 生态循环经济论：中国西部区域经济发展模式与路径研究［M］. 北京：经济管理出版社，2009.

［54］国务院发展研究中心课题组. 中国城镇化：前景、战略与政策［M］. 北京：中国发展出版社，2010：1-4.

［55］四川省人民政府研究室. 加快四川省新型城镇化对策研究［R］. 成都：四川出版集团，天地出版社，2011：1-4.

［56］仇保兴. 灾后重建生态城镇［J］. 城市建设，2008（10）：8-13.

［57］仇保兴. 生态城规划原则在玉树灾后重建中的应用［J］. 住宅产业，2010（8）：10-16.

［58］方创琳，吴丰林，李茂勋. 汶川地震灾区人口与居民点配置适宜性研究［J］. 城市与区域规划研究，2010（1）：63-78.

［59］牛庆燕. 重建生态平衡：自然生态——社会生态——精神生态［J］. 中国石油大学学报，2010（4）：77-81.

［60］邓东周，鄢武先，张兴友，等. 四川地震灾后重建生态修复Ⅱ：问题与建议［J］. 四川林业科技，2011（12）：57-61.

［61］石峰. 苗族石漠化地区生态恢复的本土社会文化支持［J］. 云南民族大

学学报：哲学社会科学版，2010（2）：36-39.

　　［62］樊杰.国家汶川地震灾后重建规划：资源环境承载能力评价［M］.北京：科学出版社，2009.

　　［63］樊杰，陶岸君，陈田，等.资源环境承载能力评价在汶川地震灾后恢复重建规划中的基础性作用［J］.中国科学院院刊，2008，23（5）：387-392.

　　［64］高晓路，陈田，樊杰.汶川地震灾后重建地区的人口容量分析［J］.地理学报，2010（2）：164-176.

　　［65］冯艳芬，刘毅华，王芳，等.国内生态补偿实践进展［J］.生态经济，2009（8）：85-88，109.

　　［66］王健.我国生态补偿机制的现状及管理体制创新［J］.中国行政管理，2007（11）：87-91.

　　［67］杨萍.建立地震灾区生态补偿长效稳定机制研究［J］.农村经济，2009（12）：96-99.

　　［68］盖凯程.西部生态环境与经济协调发展研究［D］.成都：西南财经大学，2004：160-161.

　　［69］Baofeng Di, et al. Quantifying the Spatial Distribution of Soil Mass Wasting Processes After the 2008 Earthquake in Wenchuan China —A Case Study of the Longmenshan Area［J］. Remote Sensing of Environment, 2010（114）：761-771.

　　［70］Norgaard, R. B. Development Betrayed: The End of Progress and a Coevolutionary Revisioning of the Future［M］. Routledge, 1994.

　　［71］Kallis, G., Norgaard, R. B. Coevolutionary Ecological Economics［J］. Ecological Economics, 2010（69）：690-699.

　　［72］Thompson, J. N. The Geographic Mosaic of Coevolution［J］. Chicago: University of Chicago Press, 2005.

　　［73］Nelson, R. R. Bringing Institutions into Evolutionary Growth Theory［J］. Journal of Evolutionary Economics, 2002（12）：17-28.

　　［74］Durham, W. H. Advances in Evolutionary Culture Theory［J］. Annual Review of Anthropology, 1990（19）：187-210.

　　［75］Noailly, J. Coevolution of Economic and Ecological Systems: An Application to Agricultural Pesticide Resistance［J］. Journal of Evolutionary Economics, 2008（18）：1-29.

　　［76］Odling-Smee, F. J., Laland, K. N., Feldman, M. W. Niche Construction. The Neglected Process in Evolution［J］. Monographs in Population Biology, 2003, 37：472.

　　［77］Timo Kuosmanen, Natalia Kuosmanen. How Not to Measure Sustainable Value（and How One Might）［J］. Ecological Economics, 2009（69）：235-243.

　　［78］Living with Risk: A Global Review of Disaster Reduction Initiatives［R］. ISDR, 2002.

[79] Holling, C. S. Understanding the Complexity of Economic, Ecological and Social Systems [J]. Ecosystems, 2001 (4): 390-405.

[80] Choi Y. D., et al. Ecological Restoration for Future Sustainability in a Changing Environment [J]. Ecoscience, 2008, 15 (1): 53-64.

[81] Karen Sudmeier-Rieux, et al. Ecosystem, Livelihoods and Disasters: An Integrated Approach to Disaster Risk Management [R]. IUCN, 2006.

[82] MA Board. Millennium Ecosystem Assessment [R]. 2005.

[83] Stolten, S., Dudley, N., Randall, J. Nature Security, Protected Areas and Hazard Mitigation [J]. Gland, Switzerland: WWF and Equilibrium.

[84] Masundire, H. Applying an Ecosystem Approach to Post-Disaster Rehabilitation and Restoration [J]. IUCN-CEM, 2005.

[85] Shepherd, G. The Ecosystem Approach: Five Steps to Implementation [J]. Gland: Switzerland and Cambridge, 2004.

[86] Losey. R. J. Earthquakes and Tsunami as Elements of Environmental Disturbance on the Northwest Coast of North America [J]. Journal of Anthropological Archaeology, 2005 (24): 101-116.

[87] Wen-Tzu Lin, et al. Assessment of Vegetation Recovery and Soil Erosion at Landslides Caused by a Catastrophic Earthquake: A Case Study in Central Taiwan [J]. Ecological Engineering, 2006 (28): 79-89.

[88] Ingram, J. C., et al. Post-Disaster Recovery Dilemmas: Challenges in Balancing Short-Term and Long-Term Needs for Vulnerability Reduction [J]. Environ. Sci. Policy, 2006 (7).

[89] Haiti Earthquake PDNA: Assessment of Damage, Losses, General and Sectoral Needs [R]. 2010.

[90] Denhart, H. Deconstructing Disaster: Economic and Environmental Impacts of Deconstruction in Post-Katrina New Orleans [J]. Resources, Conservation and Recycling, 2010 (54): 194-204.

[91] Natural Hazards, Unnatural Disasters: The Economics of Effective Prevention [R]. UN and WB. 2010.

后 记

　　"5·12"汶川特大地震灾后恢复重建任务已经基本完成，但特大地震造成的危害和次生灾害，对生态环境的影响和破坏可能还会持续更长的时间。在灾后重建过程中，生态环境的恢复重建和房屋、道路等基础设施的灾后重建一样重要，都是地震灾区恢复重建的重要组成部分，但同时又有自身的规律和特点，值得进行研究和总结。在认真分析生态环境灾后恢复重建的宝贵经验和成败得失之后，深刻认识人与自然和谐相处的基本规律，我们几位学者多次深入灾区调查研究，与灾区的领导群众座谈，到灾后重建现场去体会和交流，广泛收集资料，寻找和挖掘有价值和代表性的素材，从不同角度进行了深入研究，并将研究成果汇集成为本书，为今后巨灾之后灾区的生态环境恢复重建提供有益的借鉴和启示。

　　本书是四川省党校系统重大研究课题《汶川地震重灾区生态破坏及灾后生态恢复建设对策》的最终成果。该课题由陈旭教授主持、设计研究内容框架并负责全书统稿。各部分具体分工情况为：绪论及第一、五章由陈旭教授撰写；第二章由徐林硕士撰写；第三、四章由杨志远副教授撰写；第六、七章由胡雯副教授撰写。在调研和写作过程中，省灾后重建办、省林业厅、汶川县等单位给予了大力支持，四川省委党校科研处做了大量科研管理工作，在此，谨对所有给予本书帮助和支持的单位和同志表示衷心感谢。

　　由于水平有限，书中难免有疏漏和错误之处，敬请广大读者对本书提出宝贵意见。

陈旭

2013 年 7 月 20 日